AF245848

ESSAIS

D'UN

NATURALISTE TRANSFORMISTE

SUR

QUELQUES QUESTIONS ACTUELLES

IVᵉ ET Vᵉ ESSAIS

ÉVOLUTION ET LIBERTÉ

PAR

LE Dᵣ ARMAND SABATIER

Professeur à la Faculté des Sciences de Montpellier

ALENÇON

IMPRIMERIE F. GUY

—

1885

ESSAIS SUR L'ÉVOLUTION

ET LA LIBERTÉ

AVANT-PROPOS

Les essais suivants sur l'Evolution et la Liberté font partie
d'une série d'études, qui seront publiées sous le titre d'*Essais
d'un naturaliste transformiste sur quelques questions actuelles*.
L'auteur, qui s'est consacré à l'étude des sciences naturelles,
et qui est heureux de se ranger parmi ceux qui se réclament
des doctrines chrétiennes, a été conduit à réfléchir sur les pro-
blèmes qui s'agitent de notre temps, parce qu'il lui a semblé
qu'ils ne pouvaient être résolus que par une vaste enquête
faite dans le domaine même de la nature, c'est-à-dire dans
l'œuvre du Créateur.

C'est ainsi qu'il s'est préoccupé de la création, de la place
de l'homme, du libre arbitre, du mal physique et moral, de la
prière, du surnaturel, de l'âme, de la lutte pour l'existence
dans le monde moral, du rôle de l'individu, de l'immorta-
lité, etc. Convaincu de la valeur de la théorie transformiste

considérée en général, il pense avec une entière confiance, que les lois bien comprises de l'évolution, loin d'être un instrument de démolition et de négation entre les mains des adversaires de toute foi, sont au contraire appelées à devenir, pour le chrétien éclairé et courageux, des armes et des lumières d'un prix inestimable.

L'auteur de ces essais croit toutefois devoir confesser avec une entière humilité qu'il n'est ni théologien, ni philosophe de profession. Il s'est consacré exclusivement à l'étude opiniâtre et réfléchie de la nature, et c'est à proprement parler le seul livre qui lui ait enseigné la philosophie. Il lui a semblé qu'il serait peut-être de quelque intérêt de montrer à quelles solutions une semblable étude peut conduire un homme qui s'y livre avec amour. Ceux qui le liront sont autorisés à ne point y chercher autre chose. Peut-être seront-ils disposés à quelque bienveillance s'ils réfléchissent qu'ils se trouvent en présence d'un homme de bonne foi.

QUATRIÈME ESSAI [1]

La question de la liberté morale est, on n'en peut douter,
une de celles qui préoccupent le plus les esprits sérieux. Y a-t-il
réellement une liberté morale? ou bien l'homme n'est-il que le
jouet d'une illusion, en se croyant libre? Si la liberté morale
existe, est-elle le propre de l'homme? ou bien la retrouve-t-on
à des degrés divers dans d'autres êtres soumis à notre observation? Quelle est d'ailleurs l'origine de la liberté morale?
Grave question qui mérite bien qu'on s'y arrête. A elle se rattache une autre question bien importante aussi, celle de l'origine et de la nature du mal moral. A cette question la foi a
déjà donné une réponse ; la science peut aussi prétendre à
donner la sienne. Il sera intéressant de comparer les solutions
et de voir ce qu'elles ont de contradictoire ou de conciliable.

La première question à examiner est évidemment celle-ci :
Y a-t-il une liberté morale? l'homme est-il libre? peut-il se dé-
terminer librement? Inutile d'insister sur la gravité de la question. S'il y a une liberté morale, l'homme est responsable de
ses actes, il y a une conscience morale. Sinon, pas de responsabilité, et la conscience morale n'est qu'une acquisition arti-
ficielle qui résulte de la prise au sérieux d'un fantôme. — Il
n'y a alors ni bien ni mal moral dans le sens rigoureux du

---

(1) Les trois premiers essais, qui paraîtront ultérieurement, traitent de la
création du monde vivant, de la génération spontanée, et de l'origine de
l'homme.

mot; il n'y a ni coupable, ni innocent; il n'y a que des indifférents. Les conséquences sociales d'une telle opinion ont quelque chose d'effrayant.

Les lecteurs de la *Revue chrétienne* n'ignorent certainement pas qu'il y a des philosophes et des savants qui nient la liberté morale, et qui étendent le rôle et l'influence d'un déterminisme absolu jusqu'au domaine de la volonté.

Qu'est-ce que le déterminisme? C'est une loi en vertu de laquelle tout phénomène est une conséquence nécessaire d'un ensemble de conditions données. Rien n'est spontané, tout est un effet, et un effet nécessaire. On le voit, le déterminisme est la négation de la liberté. S'il existe, s'il est universel, toute volition résulte d'un ensemble de conditions dont elle est la conséquence fatale. Il n'y a pas choix, il y a effet nécessaire ; la délibération n'est que l'oscillation de la balance dont le plateau le plus lourd doit fatalement et nécessairement entraîner le plus léger.

Le déterminisme est né de l'étude des lois naturelles, et il a trouvé son appui le plus solide dans les progrès si remarquables qui ont été faits dans l'étude des sciences physiques proprement dites.

L'habitude de voir les phénomènes se succéder, selon des lois qui paraissent invariables, est bien de nature à faire naître dans l'esprit la conception d'une succession logique et immuable. Du domaine des sciences physiques la croyance au déterminisme s'est progressivement étendue au domaine des sciences biologiques. A mesure que la physiologie expérimentale s'est de plus en plus aidée des connaissances acquises en physique et en chimie, à mesure encore que ses procédés de recherche se sont plus rapprochés de ceux qui constituent le mode expérimental de ces dernières sciences, à mesure aussi s'est introduite dans la physiologie l'idée que les phénomènes biologiques étaient régis par le déterminisme aussi bien que les phénomènes physiques. Si ce déterminisme était moins évident et moins facile à constater, cela tenait simplement à ce que, l'ensemble des conditions des phénomènes étant bien plus complexe, l'observation parvenait moins facilement à démêler les rapports de causalité qui les reliaient.

Du monde biologique au monde psychologique le pas a paru d'autant plus facile à franchir que, pour beaucoup de pnysiologistes la pensée ne se distinguait réellement pas des autres fonctions de la vie et était le produit du jeu d'un organe, au même titre que le mouvement l'est de l'action des muscles, ou la sensibilité de celle des nerfs. Le principe de la pensée et de la volonté a été donc à son tour considéré comme soumis au déterminisme, ce qui équivaut à la négation du libre arbitre humain.

Cette conclusion s'imposerait-elle à l'homme de science, et devrait-il se regarder comme l'esclave inconscient des motifs, et l'instrument aveugle des conditions de son milieu? Je réponds hardiment : Non. En supposant même la démonstration du déterminisme plus réelle et plus complète qu'elle ne l'est au fond, il y a un fait d'observation qui a certes sa valeur et qui ne saurait permettre de nier d'une manière absolue le libre arbitre. Cette observation est celle de la conscience morale de l'homme faite par l'homme lui-même. Une observation qui rapproche si bien le sujet qui observe et l'objet observé qu'il les confond et les identifie, me semble se trouver dans des conditions de clairvoyance et de précision qui méritent quelque crédit, attendu qu'elle supprime les milieux capables d'absorber ou de dévier la lumière appelée à les traverser.

Or, quelles que puissent être les raisons invoquées par les déterministes, je n'en ai pas moins au dedans de moi le sentiment de ma liberté. Je reconnais, je constate que j'eusse pu agir autrement que je ne l'ai fait dans telle ou telle circonstance, et je le sens si bien que, même alors que le jugement à porter sur ma conduite est loin de m'être favorable, je suis contraint de le prononcer, et je ne puis me débarrasser du remords. Rien ne peut me soustraire à la voix de la conscience, et je suis écrasé sous le poids de ma responsabilité. Il faut convenir que dans bien des cas, la conscience morale est un hôte importun dont nous voudrions bien ne pas entendre les durs reproches ; mais ce fait même que sa voix ne peut être étouffée, et que son verdict est implacable, suffit à me démontrer que je n'ai point agi comme une force aveugle et comme un simple rouage. Et que l'on ne dise pas que le sentiment de la liberté est une illusion enfantée par l'amour-propre et la vanité, car ces deux mobiles ne sauraient résister au désir de chasser de nous-même un hôte aussi incommode et aussi tyrannique ; et nous serions souvent bien heureux de ne pas croire au libre arbitre. C'est juger singulièrement l'humanité que de la croire capable tout entière de sacrifier à une simple illusion de l'amour-propre, le plaisir de satisfaire en paix ses penchants et d'étancher sans remords sa soif ardente de jouissances brutales et d'égoïstes plaisirs.

J'ai dit l'humanité tout entière. Il est vrai que quelques hommes incrédules du libre arbitre prétendent s'être affranchis du remords ; mais j'ai quelque peine à les croire sur parole, et je me demande ce qui se passe au dedans d'eux, lorsque ces hommes (j'en excepte bien entendu les criminels les plus endurcis et chez lesquels la nature humaine est comme mutilée et anéantie) lorsque ces hommes, dis-je, ont commis ce que le sens commun qualifie de mauvaise action. Quoi qu'il en soit, je n'hésite pas à les considérer comme des cas exceptionnels, et je me permets même de penser qu'ils font légitimement partie de ce groupe d'exceptions qui confirment si bien la règle.

Il y a ceci de remarquable, en effet, que même ceux qui nient le libre arbitre se conduisent absolument comme s'il existait. Pas plus que les autres ils ne renoncent à se plaindre de l'injustice des hommes, des procédés peu honnêtes ou indélicats dont ils croient être les victimes ; et pas plus que les autres, ils ne sont disposés à excuser et à regarder avec indifférence les torts qu'ils ont à subir de la part de leurs semblables. Leurs appréciations d'indifférence, dictées par l'esprit de système tant qu'il s'agit du libre arbitre considéré en général, prennent brusquement un tout autre caractère, dès que leurs intérêts personnels sont en jeu ; c'est qu'à ce moment ils savent bien réunir toutes les données d'une appréciation complète, et ils retrouvent en eux-mêmes la réalité du caractère libre et spontané de celui qui les a blessés.

Je sais bien qu'il est des philosophes qui ont pu, par une

analyse subtile, démontrer que ce que nous appelons le libre arbitre est un composé d'éléments qui n'ont rien de commun avec la liberté, et qui constituent, au contraire, les conditions d'un pur déterminisme. Il est incontestable que l'hérédité, le tempérament, l'éducation, le milieu général, l'exemple, les impressions et les perceptions précédemment emmagasinées sous forme d'habitudes ou autrement, constituent un ensemble d'influences inconscientes dont la portée est incalculable, et qui diminue sans aucun doute, dans des proportions considérables, la part de liberté morale dont nous jouissons réellement. Cette part est, j'en conviens, beaucoup plus faible qu'on ne le pense en général, et je suis tout disposé à reconnaître que l'homme, sous ce rapport, est beaucoup moins élevé en dignité qu'on ne serait porté à le croire. Oui, certainement, notre liberté est peu étendue, mais nous sommes libres ; et rien ne peut prévaloir, me semble-t-il, contre les affirmations de notre conscience.

Les philosophes qui prétendent démontrer par l'analyse que la conscience de la liberté morale ne répond à rien de réel, et n'est qu'un composé d'éléments étrangers à la liberté, ressemblent exactement à ces gens qui voudraient soutenir que le sentiment de l'amour paternel n'est qu'une illusion, et qu'il est facile de le décomposer en un groupe d'éléments qui n'ont rien du désintéressement de l'amour. On peut y voir, en effet, un groupement de sentiments, tels que le contentement que l'ouvrier puise dans son œuvre, la sollicitude qu'il ressent pour elle, l'orgueil d'être créateur à son tour, la joie de se sentir revivre et de se continuer dans un être qui est notre image, la sécurité qui résulte de l'existence de descendants appelés à être jeunes et forts quand notre vieillesse affaiblie aura besoin d'aide et de défense, etc., etc. Tout cela entre dans l'ensemble de sentiments qui naissent dans le cœur d'un père et s'associent intimement à l'amour paternel ; mais l'amour paternel est quelque chose de plus ; puisqu'il contient la possibilité de l'abnégation la plus complète, du désintéressement le plus entier, du don de soi-même, du sacrifice de son bien-être et de sa vie. Le père ressent l'amour paternel, il sent qu'il aime, il a conscience de son désintéressement ; et une analyse, quelque subtile qu'elle fût, ne saurait détruire le témoignage de sa conscience.

Je pense donc que le libre arbitre humain est une réalité, qu'il existe, mais je confesse encore qu'il est passablement limité, et que les oscillations de la liberté humaine sont d'une amplitude assez restreinte, bornées qu'elles sont par les entraves inconscientes d'un déterminisme relatif dont les mailles échappent souvent à notre observation.

Le libre arbitre humain admis, plusieurs questions s'imposént à l'homme de science? Comment le concilier avec le déterminisme scientifique? Comment en comprendre l'origine ?

La réponse à cette dernière question n'est point faite pour embarrasser sans doute les naturalistes qui croient aux créations indépendantes, et qui considèrent l'origine de l'homme comme entièrement étrangère à·celle. des êtres qui lui sont inférieurs. L'homme est libre parce qu'il a été créé tel. Voilà une réponse toute simple, mais qui ne peut avoir d'autre autorité scientifique que celle dont est susceptible un pur article de foi.

Tout autre est la situation du philosophe ou du naturaliste, qui trouve dans les données actuelles de la science des raisons d'accepter les doctrines transformistes. En effet, qui dit transformation, dit changement dans la forme, et non dans les éléments ; qui dit évolution, dit développement progressif d'un rudiment originel dont les éléments primitifs se sont plus ou moins modifiés et développés. Une pareille conception exclut l'introduction d'éléments absolument nouveaux, dont l'apparition subite et renouvelée constituerait autant de créations, et non de simples transformations. Dans une évolution, ce qui est n'est pas étranger à ce qui était, mais provient des modifications de ce qui était. L'édifice s'élève non point par l'adjonction de pierres nouvelles autres que les pierres qui en constituaient les fondements, mais par la transformation et le développement des pierres qui ont formé la première assise. On comprend donc qu'il ne saurait être question d'un édifice dans le sens rigoureux du mot. C'est un développement, une évolution, et non une construction.

Il résulte de là que si, dans un des types qui représentent un degré quelconque de l'échelle, se rencontre un élément essentiel parvenu à un état de développement tel qu'il frappe l'observation, cet élément ne saurait faire réellement défaut dans les degrés de l'échelle où il n'est pas assez évident pour être aperçu. Dans ce cas il est rationnel de penser que cet élément échappe à l'œil de l'observateur, parce que ses manifestations relativement faibles sont masquées par les manifestations plus saillantes d'éléments parvenus à un développement relativement supérieur.

Quelques exemples empruntés à l'histoire naturelle vont me permettre de développer ma pensée.

Prenons le monde biologique. Il renferme un vaste ensemble de types dont les uns très inférieurs correspondent aux Protistes, c'est-à-dire à ces êtres souvent composés d'une seule cellule, et pouvant être considérés aussi bien comme des végétaux que comme des animaux, et dont les autres plus ou moins élevés constituent les végétaux supérieurs et surtout les animaux dont les plus haut placés se trouvent à une distance énorme comme développement des êtres qui occupent le bas de l'échelle. Eh bien ! en dépit de la distance qui sépare les termes extrêmes de cette série, on peut soutenir que l'être le plus supérieur, malgré sa complication de structure et de fonctions, n'a rien d'essentiel qui ne se retrouve à l'état de puissance ou de rudiment dans l'être le plus inférieur. Ce dernier ne représente pas, sans doute, une machine compliquée, à nombreux rouages, dans laquelle la division du travail a multiplié les organes et les fonctions ; mais la cellule unique qui constitue l'être inférieur n'en possède pas moins, à l'état non différencié, tous les éléments substantiels, et toutes les fonctions qui résument les organes multiples et les fonctions subdivisées de l'être supérieur.

La sensibilité, le mouvement, les fonctions d'échange telles que l'absorption, l'assimilation et la désassimilation, les fonctions respiratoires destinées à fournir les équivalents de chaleur et de force nécessaires à la vie, etc., s'y trouvent représentés dans ce qui constitue leur essence ; et l'on peut dire que les fonctions considérées dans l'être supérieur ne sont que le résultat de l'évolution et des perfectionnements par la multiplication des organes et par la division du travail, de ce que possédait déjà l'être inférieur.

Que la cellule qui constitue à elle seule tout cet être résume en elle tous les éléments essentiels de l'être supérieur, on n'en saurait douter lorsqu'on porte son attention sur l'œuf et sur son développement. Qu'est-ce que l'œuf? une cellule, une simple cellule; et cependant de cette cellule sortira, par une progression continue et très ménagée de modifications, l'être qui possédera toutes les fonctions biologiques qui appartiennent à l'animal supérieur; et pourtant il est impossible, tant la progression est insensible, de dire à quel moment précis s'est manifestée telle et telle fonction essentielle. A tout instant, à toute phase du développement, l'embryon les possède certainement, et l'on peut affirmer que si, dans le cours de l'évolution de l'œuf, quelques manifestations fonctionnelles semblent faire leur apparition, c'est que le perfectionnement des organes, et l'intensité plus grande des phénomènes de la vie les a rendues plus évidentes.

Mais la considération du développement de l'œuf doit avoir pour nous une portée plus grande, au point de vue de la question qui nous occupe. Prenons l'œuf humain et demandons-nous, en effet, à quelle phase de son développement apparaît en lui le germe du libre arbitre? Qui le dira? Est-ce après les premières segmentations, ou bien quand les deux premiers feuillets du blastoderme sont formés? Est-ce quand apparaît le troisième feuillet? Ou bien est-ce quand se différencient les divers organes, et en particulier le système nerveux? Est-ce encore plus tard lorsque les organes sont tous formés, ou vers la fin de la vie fœtale? Est-ce même dans les premiers jours ou les premiers mois qui suivent la naissance? Qui le dira? et sur quoi s'appuiera-t-on pour le dire? Est-ce sur l'apparition des phénomènes de libre arbitre et de conscience morale? Mais les observe-t-on aux diverses périodes de développement que nous venons d'énumérer? Y a-t-il alors quelque chose qui puisse réellement être rapporté au libre arbitre? Et plus tard même, peut-on fixer la date précise où se montrent pour la première

fois des phénomènes qui puissent être rigoureusement attribués
à ce dernier ?

A toutes ces questions, il n'y a qu'une manière raisonnable
de répondre. Les manifestations du libre arbitre sont franche-
ment insaisissables pendant la période embryonnaire et fœtale,
et même pendant un temps assez long après la naissance. Il
n'y a vraiment d'apparents que des phénomènes organiques, et
des phénomènes réflexes qui n'ont rien de commun avec le
libre arbitre, et qui sont même tout l'opposé des phénomènes
de liberté, puisqu'ils constituent une réponse involontaire et
parfois inconsciente à une provocation.

De là faut-il conclure que le libre arbitre fait entièrement
défaut à cette phase de la vie et qu'il sera l'objet d'une création
ultérieure ? Conclure ainsi serait aller bien au delà des droits
de l'analogie. Il est d'une logique plus saine et plus vraie
d'admettre que le libre arbitre existe même à ces phases pré-
coces et reculées de l'existence humaine, mais soit en puissance,
soit à l'état de rudiment infime et dépourvu de toute manifestation saisissable. En définitive, la preuve qu'il y a alors un
rudiment du libre arbitre se résume en ceci : Il existe,
parce qu'il sera et parce qu'il est impossible de saisir et de
préciser un moment pour sa création.

C'est d'ailleurs par de semblables considérations qu'on est
conduit à admettre dans l'embryon humain l'existence de
l'âme. Croire que l'âme naît à un moment donné du développement de l'embryon, et n'a pas existé en puissance et dans
un état rudimentaire dès les débuts mêmes de la vie, c'est se
créer l'obligation de fixer la date de l'apparition de l'âme, et de
marquer le moment précis où soit l'embryon, soit l'enfant a
cessé d'être un composé d'organes sans nom, pour devenir un
être humain. C'est par conséquent se mettre en face de l'impossible ; bien plus encore, de l'absurde. On peut donc logiquement se placer sur le terrain suivant et dire : L'âme humaine
est la contemporaine du corps à quelque degré de développement que soit ce dernier. Ses manifestations propres, d'abord
nulles ou insaisissables, prouvent non son absence mais un
état latent, auquel succèderont plus tard des manifestations

d'abord rudimentaires et obscures, appelées à acquérir par la suite plus d'importance et plus de signification. Le libre arbitre, s'il existe chez l'homme (et nous avons dit ce que nous pensions à cet égard), est une faculté trop importante, trop caractéristique et trop remarquable de l'âme pour ne pas avoir la même date d'origine que cette dernière. Mais, au début, il est latent et imperceptible, comme toutes les manifestations de l'âme à cette époque du développement.

Une conclusion plus générale ressort encore des propositions que nous venons de formuler. Elles autorisent, en effet, à penser que le libre arbitre peut exister, virtuellement ou à l'état rudimentaire, chez des êtres où ses manifestations paraissent faire défaut ; et, s'il en est ainsi, avant d'en nier l'existence il convient de se rendre un compte sévère des phénomènes, et d'examiner s'il n'est pas possible de saisir des traces, même très faibles, sinon du libre arbitre lui-même, du moins de quelque liberté d'ordre inférieur qui peut en être regardée comme l'analogue ou le rudiment. C'est là un sujet sur lequel je serai appelé à insister dans ces essais.

Les considérations qui précèdent ne seront point inutiles au moment où je vais me livrer à la recherche des traces du libre arbitre en dehors de l'humanité. Nous avons admis chez l'homme l'existence du libre arbitre, mais réduit à des proportions plus modestes qu'on ne le croirait au premier abord. Voyons maintenant si le libre arbitre est le lot exclusif de l'humanité.

Il fut un temps où il était assez facilement admis que les animaux, et même les animaux les plus voisins de l'homme, tels que les singes, les animaux domestiques les plus élevés, c'est-à-dire les chiens, les chats, les chevaux, étaient dépourvus d'intelligence et n'agissaient qu'en vertu de l'habitude et de l'instinct, c'est-à-dire en dehors de toute réflexion et de toute pensée.

Aujourd'hui, il faut en convenir, on ose à peine émettre quelques doutes sur l'intelligence de ces animaux ; et encore faut-il, pour cela, être engagé dans une école ou dans une coterie soit philosophique, soit religieuse, dont le système exige cette conception pour la plus grande gloire de l'homme, pense-t-on, mais non certes pas pour la plus grande gloire du Créateur. Par contre, il n'est aucun naturaliste, aucun observateur sérieux, ayant vécu avec ces animaux et les ayant suivis de près, qui leur refuse un certain degré d'intelligence.

Les preuves surabondent pour établir que les animaux dont nous parlons, pensent, comparent, apprécient, jugent, hésitent, se décident, veulent, aiment, haïssent, se souviennent et que, par conséquent, ils sont doués d'intelligence, de sensibilité et de volonté. Le chien qui épie le regard de son maître pour y lire ses désirs, son humeur, ou pour échanger avec lui des témoignages de tendresse, n'est pas une simple machine mue par un ressort aveugle. Le chien a-t-il une certaine dose de sens moral, de conscience morale ? distingue-t-il le bien du mal ? délibère-t-il ? pèse-t-il les motifs et fait-il librement son choix ? Voilà quelques questions auxquelles bien des personnes feraient sans hésitation des réponses négatives. Auront-elles raison ? Je me permets d'en douter, et j'en appelle de cette opinion préconçue à une opinion plus réfléchie et plus indépendante des préjugés injustes et maladroits qui, pour élever l'homme, ont cru devoir rabaisser l'animal.

Je demande à mes lecteurs de quelle façon il convient d'apprécier le fait suivant :

Un chien placé en présence d'une gourmandise qui a excité sa convoitise, l'a saisie une première fois et l'a dévorée. Il a agi sans hésitation, n'obéissant qu'à son appétit, et ignorant, d'ailleurs, que c'était là le fruit défendu. L'acte était innocent, puisque aucune défense, aucun ordre ne lui avaient été donnés à cet égard. Pour ce fait-là, et dans le but de prévenir le retour d'un acte semblable, une correction lui est infligée. Cette correction peut suffire, mais le plus souvent elle doit être renouvelée un petit nombre de fois. Qu'arrive-t-il ensuite, dans bien des cas du moins ? (car il y a, paraît-il, chez les chiens comme chez les hommes, des natures réfractaires aux prescriptions de la morale.) Le chien, placé en présence de la même tentation, donnera des signes évidents de lutte intérieure, il jettera sur l'objet désiré des regards de convoitise, mais il s'abstiendra, et, dans tous les cas, s'il finit par succomber, ce ne sera qu'après avoir quelque temps hésité et combattu.

Qui n'a été témoin d'un fait bien ordinaire, bien commun et qui cependant a sa signification ? Un chien désire suivre son maître, mais ce dernier lui ordonne de rester à la maison. L'animal, placé entre son désir et l'ordre qu'il a reçu, s'arrête, tourne la tête tantôt dans la direction de son maître, tantôt vers la maison ; il hésite, il est dans le doute, et enfin il prend l'un ou l'autre des deux partis.

Si je ne me trompe, il y a des raisons de voir dans ces actes des opérations semblables à celles qui, chez l'homme, accompagnent l'exercice de la liberté. L'animal pèse les motifs, il les compare, il les apprécie, et il se décide en faveur de ceux qu'il a jugés les plus valables. Délibération et décision, ne sont-ce pas là des conditions du libre arbitre humain ?

Mais il y a plus encore, chez le chien. Quand il a cédé à sa convoitise et qu'il a enfreint les ordres reçus, il en est visiblement confus ; et quand survient le maître, avant même qu'il ait pu constater le délit, il lui est possible de présumer qu'il a été commis : l'attitude embarrassée de l'animal, parfois le peu d'empressement qu'il met à venir au devant de lui sont des indices que l'ordre a été méconnu. De quel nom faut-il appeler ces phénomènes ? Comment convient-il de les qualifier ? Pour moi je n'hésite pas à y voir un sentiment de culpabilité, une sorte de conscience morale. Bien loin de moi la pensée de vouloir l'assimiler à celle de l'homme, dont le sens moral a une délicatesse bien supérieure. Mais je ne puis m'empêcher de voir là un rudiment, une catégorie inférieure du sens moral, un sentiment de la faute commise.

Que si l'on objecte que la sanction de cette sorte de conscience morale n'est en somme que la peur du châtiment physique, et n'a rien de commun avec le sentiment abstrait du devoir, qui est la source de si nobles actions, je ne me trouverai certes pas sans réponse. Je ferai d'abord remarquer qu'à ce compte, il est, hélas ! beaucoup d'hommes qui devraient être placés hors de l'humanité, car la crainte des tribunaux ou des coups sont la seule règle de leur vie morale ; oui, malheureusement, beaucoup de nos semblables, en dehors des cas d'irresponsabilité mentale, ne reconnaissent, comme l'animal, d'autre sanction que celle des châtiments corporels, et il ne vient à l'esprit d'aucun de ceux qui croient au libre arbitre humain de leur refuser une dose quelconque et si faible que l'on voudra, de ce dernier et de la conscience morale.

Ce qui est malheureusement vrai de l'homme ayant atteint sa stature normale, l'est encore bien plus de l'enfant. Combien à cette période de la vie, où l'on consent cependant à reconnaître l'aurore de la liberté et de la notion du mal, combien, dis-je, n'est-il pas nécessaire qu'une correction corporelle, qu'une sanction sensible, immédiate, vienne indiquer la voie du devoir et servir de frein aux velléités de mal faire ! Y a-t-il une bien grande différence, sous ce rapport, entre un animal supérieur tel que le chien et un jeune enfant de un à deux ans ? Je demande au lecteur une réponse impartiale, réfléchie, sérieuse à cette question, et je me permets de préjuger quel en sera le sens, surtout si mon interlocuteur est un observateur, et s'il a vécu dans l'intimité des deux ordres de sujets dont je lui recommande la comparaison.

J'ajouterai que si la crainte de la douleur physique, c'est-à-dire l'amour du bien-être corporel, est le mobile de la vie morale de l'animal et de beaucoup d'hommes, il faut reconnaître que ce mobile utilitaire est légitime, dans une certaine mesure, et qu'il ne détruit pas absolument le caractère d'obligation des actes qu'il contribue à inspirer ; car nous devons convenir, d'autre part, que le mobile de la morale supérieure n'est pas, *dans la pratique*, absolument désintéressé, et que c'est dans la *valeur et la dignité de l'intérêt* mis en jeu, plutôt encore que dans sa présence ou son défaut, que réside souvent la différence des obligations. Si, en effet, dans un cas c'est le bien-être physique qui est recherché, je ne saurais aller jusqu'à penser que la joie du cœur, la paix intérieure, le bonheur spirituel, la satisfaction d'être dans l'ordre, n'entrent pour rien dans les mobiles qui poussent à l'accomplissement du devoir. Oui, certes, il y a dans les deux sanctions immédiates et utilitaires, des différences de

valeur et de niveau ; mais j'ajoute aussi que, dans les deux
cas, il y a en outre le sentiment qu'on *doit* ou ne *doit pas*
commettre telle action ; il y a donc sentiment de l'obligation ;
et puisqu'il y a aussi sentiment de la faute, il faut par cela
même qu'il y ait faculté de la commettre ou de ne pas la commettre, c'est-à-dire libre arbitre.

Avant d'aller plus loin, je dois dire quelques mots pour les
personnes que mon langage pourrait étonner, et peut-être même
scandaliser. On a beaucoup trop pris l'habitude de rabaisser
les animaux, et même les animaux supérieurs. L'influence
si considérable du Cartésianisme, qui ne voyait dans l'animal
qu'une machine, et surtout une appréciation par trop intéres-
sée et partiale de notre supériorité, sont les principales causes
de ce point de vue contre lequel je n'hésite pas à protester.
Pour grandir l'homme, on s'est laissé aller à considérer les
animaux supérieurs comme entièrement dépourvus de quelques-
unes des facultés de l'âme humaine, et si l'on veut bien, non
sans peine, leur reconnaître un peu d'intelligence, on ne consent à leur accorder quelque responsabilité et quelque liberté
que pour avoir le droit de leur appliquer des traitements sévères
et de durs et cruels châtiments.

Heureusement qu'il existe aujourd'hui toute une phalange
d'observateurs dépouillés de ces préjugés et de ces idées suran-
nées, et qui sont résolus à rendre à l'animal pleine justice.
Cette école analyse avec soin les mœurs, les habitudes, les
facultés des animaux, et prépare une appréciation plus saine
et plus vraie de leur psychologie ; d'ores et déjà, des nombreuses observations recueillies me paraît ressortir cette conclusion : que s'il y a, entre l'homme et les animaux supérieurs,
un abîme très profond et une distance énorme quant à la valeur
et à l'étendue des facultés maîtresses de l'âme, ces facultés n'en
subsistent pas moins chez les animaux, quoique bien réduites
dans leur développement, et parfois si rudimentaires que les
manifestations en sont presque insaisissables.

J'ajoute que cette conception ne me paraît certes pas de
nature à diminuer l'homme et à le rapetisser. L'homme reste
ce qu'il est, le roi de la création, roi de droit divin, si l'on veut,

mais d'une nature non absolument et essentiellement différente
de celle de ses sujets. Rapetisser ces derniers, ce n'est certes
pas le grandir, mais c'est oublier que les animaux sont sortis
de la main du même Créateur, qu'ils sont son œuvre et le fruit
des admirables lois qu'il a mises à la base de l'édifice de l'Univers. Rabaisser l'animal, ce n'est pas élever l'homme, *mais
c'est diminuer le Créateur*.

La question de l'existence d'une certaine dose de libre
arbitre chez les animaux supérieurs les plus voisins de l'homme,
et dont quelques-uns même ont avec lui une vie commune et
font échange d'actes et de sentiments avec lui, est certes moins
délicate et moins difficile à trancher que celle qui touche aux
animaux plus éloignés de l'homme, et dont quelques-uns méritent justement le nom d'animaux inférieurs. Devant des êtres
dont le volume, dont les mœurs, dont les manifestations sont si
différentes de celles de l'homme, les moyens d'observation et
de contrôle deviennent singulièrement plus difficiles et moins
probants. Tel acte que l'on croit entièrement dicté par cet instinct que l'on qualifie d'aveugle, peut emprunter au libre arbitre
une part d'influence très faible et très difficile à discerner ; et,
réciproquement, tel acte où la liberté semble éclater pourrait bien
être dû, au contraire, à une série d'influences réflexes qui sont
étrangères au libre arbitre. Quel est le guide sûr qui pourra
nous conduire dans ce dédale et nous aider à faire une juste
répartition des deux sortes d'influences ? Il n'y a réellement à
compter que sur l'analogie et nous devons considérer comme
libre tout acte qui, après un examen sévère de ses conditions,
nous paraîtrait devoir être ainsi qualifié chez les animaux dont
la psychologie est plus à notre portée. Je ne vois pas d'autre
règle sérieusement applicable.

Commençons par dire que l'analogie est favorable à l'admission d'un degré quelconque du libre arbitre chez les animaux
autres que les animaux supérieurs.

Ceux qui ont tenu, en effet, à établir entre l'homme et l'animal une différence infranchissable, et comme un abîme sans
fond, n'ont pu raisonnablement songer à soutenir qu'il y eût
entre les animaux eux-mêmes des différences aussi prononcées.

C'eût été compromettre entièrement leur première thèse, car si l'on admettait, entre des animaux quelconques, des différences comparables à celles qui sépareraient l'homme des animaux, il n'y aurait pas de raison pour établir entre l'homme et les animaux un hiatus infranchissable. Cette séparation absolue des animaux est d'ailleurs moins que jamais acceptable; et aujourd'hui que l'on a pu rassembler tant de formes qui servent de transition entre des types éloignés, on ne voudra pas avancer, et surtout l'on n'essayera pas de prouver, qu'il y a entre les diverses formes animales des différences radicales au point de vue psychologique, pas plus qu'au point de vue biologique.

Je ne puis entrer évidemment ici dans une revue des types de l'animalité pour y chercher les traces du libre arbitre. Je dois me borner à quelques aperçus. Il est, parmi les invertébrés, une classe d'animaux qui nous frappe par les merveilles de son industrie, et qui est bien faite pour nous donner l'idée d'une complication des phénomènes psychiques à laquelle bien des esprits refusent de s'arrêter. Tous ces moyens de construction, tous ces procédés si ingénieux de chasse, de récolte, d'emmagasinement des provisions nutritives, soit pour l'individu lui-même, soit pour sa progéniture, toutes ces constructions si ingénieuses de ruches, de cocons, de réduits souterrains, tout cela est volontiers mis sur le compte pur de l'instinct et soustrait à l'influence de l'intelligence et de la volonté et par conséquent de la liberté. Il est impossible de ne pas reconnaître qu'il y a, en effet, dans la répétition constante et parfois peu réfléchie, semble-t-il, de ces actes un indice irréfutable de leur condition instinctive et de leur caractère inconscient. Mais je suis bien convaincu que, pour éviter de reconnaître à la fourmi, à l'abeille une part quelconque d'intelligence et de liberté, on s'est jeté dans l'excès contraire.

Pour beaucoup de gens le très petit volume d'un cerveau de fourmi est un argument péremptoire. Mais c'est là une considération bien faible et bien illusoire, et que l'on est, du reste, bien surpris de trouver dans la bouche de gens qui proclament très haut l'indépendance absolue de l'esprit et de la matière.

Pour que cet argument eût quelque valeur, il faudrait qu'il fût démontré que la substance cérébrale est, dans le règne animal, d'une valeur dynamique toujours et partout la même, et que sa quantité est, par conséquent, toujours dans la même relation directe avec sa capacité psychique ou dynamique. Or c'est justement le contraire qui est établi ; il est certain, en effet, que même entre des hommes ou des animaux de même espèce, il n'y a pas une relation proportionnelle entre la masse des centres nerveux et leur capacité intellectuelle. A plus forte raison cette disproportion est-elle susceptible de s'accentuer entre des types dont les substances cérébrales présentent certainement de grandes différences comme constitution élémentaire, comme complications de structure et comme capacité dynamique. Que savons-nous d'ailleurs de la relation directe, précise, entre l'élément nerveux et la force dont il est l'organe ? Rien ou à peu près rien. Qu'est-ce qui s'oppose à ce qu'on considère tel élément nerveux, telle cellule nerveuse comme capable d'une manifestation dynamique, deux, trois, quatre, dix, vingt, cent fois et au delà supérieure à celle de telle autre cellule nerveuse ? N'y a-t-il pas plutôt des arguments et des analogies propres à nous faire accepter ces disproportions. Ne sait-on pas, par exemple, que les muscles des insectes, si petits d'ailleurs, développent une force bien supérieure à celle des muscles humains ; l'abeille est relativement trente fois plus forte qu'un cheval, et tel insecte transporte avec assez d'aisance un poids qui représente pour lui ce que serait presque l'obélisque de Louqsor sur les épaules d'un homme ? Ce qui est vrai pour les fibres musculaires où il nous est permis de saisir, dans une certaine mesure, une relation entre la forme de l'élément anatomique et ses fonctions, combien de fois n'est-il pas plus vrai pour la cellule nerveuse, où les recherches les plus approfondies, où les moyens d'investigation les plus puissants ne sont pas encore parvenus à révéler la moindre trace de cette relation ? Et d'ailleurs, d'une manière plus générale, y a-t-il une relation constante entre la masse et la puissance en dehors de l'identité de la substance ? En d'autres mots, deux masses semblables de substances différentes doivent-elles forcément représenter des équivalents dynamiques semblables? Non, évidemment non. Enfin, que signifient les mots *grand* et *petit*? Qu'est-ce qui est grand? Qu'est-ce qui est petit? Le cerveau humain mérite-t-il le qualificatif de grand? N'est-il pas plus juste de le qualifier de petit, si on le compare à l'étendue considérable des connaissances qu'il peut embrasser, à la distance infinie à laquelle il peut atteindre par la pensée, aux conceptions étonnantes qu'il peut enfanter dans la science et dans les arts, à la profondeur des souffrances et des joies qu'il peut éprouver? Pour ma part, je suis frappé de cette disproportion entre la masse et la puissance du cerveau humain, et j'en conclus qu'une grande capacité dynamique peut être associée à une masse relativement petite.

Le petit volume du cerveau de l'insecte n'est donc réellement pas un argument contre sa capacité intellectuelle; mais, par contre, la complication de structure du cerveau de l'insecte nous révèle le perfectionnement remarquable de l'instrument. Longtemps on l'avait considéré comme une masse homogène de tissu nerveux, mais le grand naturaliste Dujardin reconnut le premier, en 1850, en examinant le cerveau d'hyménoptères sociaux (abeilles) que cet organe présentait des parties internes très complexes, dont le développement lui parut être en rapport avec le perfectionnement intellectuel. Depuis lors les travaux de Leydig, de Rabl-Ruckhardt, de Ciaccio, de Dietl, Flogel, Bellonci, Berger, Grenacher, Newton, Yung, Krieger, Claus, Michels, Packard, et enfin les travaux plus récents de M. Viallanes, ont démontré qu'à mesure qu'on a multiplié les recherches, à mesure aussi on a augmenté le nombre des parties décrites dans les centres nerveux des insectes, de telle sorte qu'on peut affirmer aujourd'hui que les centres nerveux des animaux articulés (crustacés, arachnides, myriapodes, insectes) sont, quant à leur structure, presque aussi compliqués que ceux des vertébrés.

Il n'échappera à personne, combien ces résultats sont remarquables et combien il est intéressant de pouvoir montrer à ceux qui portent uniquement leur attention sur la masse des centres nerveux, et qui en tirent des conclusions plus ou moins légitimes pour ou contre les relations profondes du cerveau et de l'intelligence, de pouvoir, dis-je, leur montrer qu'à côté de la masse il y a aussi la structure, et que l'importance de cette dernière paraît l'emporter sur celle de la première. Deux montres peuvent être de volumes très différents ; mais si leur construction est aussi savante et aussi bien combinée, elles donneront quant au temps des indications de même valeur.

Voilà l'état actuel du côté anatomique de la question ; examinons le côté psychologique, et voyons si on ne peut trouver dans les faits même qu'invoquent les adversaires de l'intelligence de l'insecte des arguments non douteux en faveur de quelque chose de moins aveugle, de plus réfléchi, de plus libre et de plus volontaire que l'instinct.

Dans ses *Nouveaux Souvenirs entomologiques* (1). M. J.-H. Fabre, auquel on doit de patientes et perspicaces observations sur les mœurs des insectes, a discuté avec beaucoup d'esprit la question de l'existence de la raison chez ces animaux, et rapporté, sous une forme très spirituelle, ses observations sur le cholicodome, espèce d'abeille qui construit très habilement des nids en forme de gâteaux de terre, composés de cellules qu'elle remplit de miel. Au-dessus du miel est déposé un œuf ; et le tout est immédiatement fermé par un couvercle de terre. Ainsi le petit être qui doit naître de l'œuf est mis à l'abri de la famine et des ennemis du dehors. Dans ces diverses opérations, que l'animal accomplit avec une remarquable régularité, M. Fabre ne voit qu'une manifestation de l'instinct et pas la moindre trace de raison. « Petite lueur de raison qu'on dit éclairer la bête, tu es bien voisine des ténèbres, *tu n'es rien.* » Telle est la conclusion de M. Fabre. Cette conclusion est-elle justifiée ? Je prétends que les faits rapportés par l'honorable auteur, et les expériences qu'il a instituées, me paraissent conduire à une conclusion tout opposée. Voici quelques extraits du chapitre intitulé *Fragments sur la psychologie de l'instinct :*

Un cholicodome est en train de construire le couvercle de sa

(1) J.-H. Fabre. *Nouveaux Souvenirs entomologiques.* Paris, 188?.

cellule. L'observateur y fait une brèche. « L'insecte revient et *répare parfaitement* le dégât. » Un deuxième construit la cellule même ; l'observateur perce largement le fond de la tasse « et l'insecte *s'empresse* de boucher le trou. Il bâtissait et *il se détourne un peu* pour continuer de bâtir. » Un troisième a déposé l'œuf et ferme la cellule. Tandis qu'il est allé chercher une nouvelle provision de ciment, pour mieux murer la porte, l'observateur pratique une large brèche immédiatement au-dessous du couvercle, brèche *trop haut placée* pour que le miel s'écoule. « L'insecte arrivant avec du *mortier non destiné à pareil ouvrage*, voit son pot égueulé et le *remet très bien en état*. » « Voilà, ajoute l'auteur, une prouesse comme je n'en ai pas vu souvent d'aussi judicieuses. »

De là résulte, dit M. Fabre, « que l'insecte sait faire *face à l'accidentel*, pourvu que le nouvel acte *ne sorte pas de l'ordre de choses* qui l'occupe en *ce moment*. Affirmerons-nous la raison ? Et pourquoi ? L'insecte persiste dans le même courant psychique : il continue son acte, il fait ce qu'il faisait avant, il *retouche* ce qui pour lui n'est qu'une maladresse dans l'œuvre présente. » Mais une fois la loge terminée et l'insecte occupé à la remplir de miel, si l'observateur la perce, l'ébrèche, le cholicodome ne répare plus l'orifice par où cependant le miel peut s'écouler. Cependant « à *plusieurs reprises* il vient à cette brèche, il y plonge la tête, il *l'examine*, il *l'explore* des antennes, il en *mordille* les bords et c'est tout. » L'insecte ne la répare pas ; il ne saurait revenir sur une opération qui date de trop loin. Il persiste dans l'opération présente, actuelle (recueillir le miel), et l'emmagasine aveuglément, dans une cellule d'où il doit s'écouler. « C'en est assez, je crois, dit M. Fabre, pour montrer l'impuissance psychique de l'insecte devant *l'accidentel*. » « Si quelqu'un, ajoute-t-il encore, voit une ébauche de la raison dans cet intellect d'hyménoptère, il a des yeux plus perspicaces que les miens. Je ne vois en tout ceci qu'une obstination invincible dans l'acte commencé. L'engrenage a mordu et le reste du rouage doit suivre. »

Toutes ces conclusions sont-elles légitimes ? Je me sens auto-risé à répondre : Non ! mille fois non ! Que prouvent les faits rapportés par M. Fabre? que chez le cholicodome, l'étendue et la valeur des actes instinctifs sont si considérables et si supérieurs à ceux qui dépendent de la raison qu'ils masquent bien souvent ces derniers et même rendent les manifestations de la raison inutiles. M. Fabre se demandant ce que c'est que la raison, répond que chez la bête c'est la faculté qui rattache l'effet à sa cause, et dirige l'*acte en le conformant aux exigences de l'accidentel*. J'ai quelque peine à croire qu'un lecteur impartial soit conduit à trouver que les faits sur lesquels s'appuie M. Fabre conduisent justement à cette conclusion que, chez l'insecte, *dans aucun cas*, ne se manifeste ce quelque chose qui dirige l'acte en le *conformant aux exigences de l'accidentel*. Ce qui ressort seulement des observations de M. Fabre, c'est qu'il est des cas où l'insecte sait parer à l'accidentel, et d'autres où il ne sait pas y parer, que l'insecte a la vue courte, qu'il sait se *détourner un peu* seulement, selon l'expression de l'auteur, et non *beaucoup*, comme il pourrait le faire si ses horizons étaient plus étendus, s'il n'était enchaîné par l'instinct. Il observe, *il constate* des dégâts faits à son œuvre, et quand cela n'exige pas de lui un écart trop considérable de ce que lui commande l'instinct présent, *il répare, il retouche*. Est-ce là une absence totale de raison? ou bien l'indice d'une raison peu étendue, d'une compréhension limitée, et pour laquelle les relations des faits soit dans l'espace, soit surtout dans le temps, sont en définitive assez restreintes?

Avant de conclure d'une manière si absolue, il eût d'ailleurs fallu savoir si l'insecte que nous avons vu, avec M. Fabre, revenir à *plusieurs reprises* à la brèche, y plonger la tête, l'examiner, l'explorer des antennes et en mordiller les bords, c'est-à-dire, au fond, commettre une série d'actes qui impliquent la surprise, l'examen, la constatation réfléchie, et peut-être le désappointement et le dépit, il eût fallu savoir, dis-je, si l'insecte ne se trouve pas justement en ce moment dans l'impossibilité matérielle de faire du mortier. On sait combien les sécrétions buccales et pharyngiennes jouent, chez les insectes, un rôle important dans la succession des faits remarquables qui composent leur cycle biologique. On ne peut douter aussi que ces sécrétions ne se modifient suivant l'acte à accomplir, et ne se conforment aux besoins de cct acte. La chenille n'est pas capable, à un moment quelconque de son existence, de fournir la soie qui s'échappera de ses glandes salivaires pour la construction du cocon. Il est très probable, également, que chez le cholicodome les sécrétions buccales se modifient suivant la phase de la vie, et que celles qui sont convenables pour pétrir et pour consolider le ciment ne sont pas identiques avec celles qui correspondent à l'élaboration du miel. Dans ce cas, l'insecte, qui constate si bien les dégâts de sa cellule sans pouvoir les réparer, pourrait bien être justement comparable à cette mère de famille qui, pressée par les maux de l'enfantement et n'ayant ni le temps ni les moyens de réparer sa demeure dévastée, se hâte, faute de mieux, de préparer à sa progéniture un refuge quelconque dans les ruines de sa maison, sans avoir le loisir de se préoccuper de ce que cette retraite peut avoir de précaire et même de dangereux.

Il est à remarquer d'ailleurs que les manifestations raisonnables peuvent être empêchées et supprimées par les ordres impérieux de l'instinct. C'est là un fait comparable à ce qu'il est si fréquent d'observer chez l'être le plus raisonnable de la création, chez l'homme. Bien des fois, en effet, la raison parle et n'est pas écoutée ; et l'observateur peut croire à son silence complet, parce que sa voix a été étouffée par celle de l'instinct ou de la passion. Pour que les conclusions de M. Fabre fussent acceptées, il faudrait commencer par rayer du nombre des êtres doués de raison tous les hommes qui, sachant bien discerner la voie de la sagesse, s'engagent néanmoins dans une voie contraire, parce que quelque chose de plus puissant, une préoccupation dominante, une idée fixe, une passion, une aptitude ou une condition corporelle même les détournent fatalement de la première. Et pourtant nul n'oserait soutenir que, dans ces êtres humains, il n'y a pas tout au moins quelque trace de la raison.

Les considérations qui précèdent ne sont point inutiles pour le sujet de cet Essai. S'il est vrai, en effet, que nous retrouvions chez l'insecte des manifestations non douteuses de ce que nous appelons raison chez les autres êtres, et chez les animaux supérieurs en particulier, il n'est pas téméraire de penser que le libre arbitre, que nous avons considéré comme une des facultés importantes de la raison des animaux supérieurs, doit aussi se manifester plus ou moins dans ces organismes moins élevés dans la série biologique et psychologique. Dans les faits que j'ai rapportés se retrouvent d'ailleurs des apparences qui ne sont point sans analogie avec celles qui accompagnent l'usage du libre arbitre dans l'espèce humaine et dans les animaux dont l'intelligence est relativement très développée. Ces choli-codomes, qui constatent la brèche, qui changent de conduite, qui emploient à la réparer le mortier qu'ils destinaient à un autre usage, qui examinent, qui constatent, qui luttent contre les difficultés imprévues, me représentent assez exactement l'homme qui délibère, qui apprécie, qui se décide, qui fait choix de la conduite à tenir, qui s'insurge contre les obstacles et les renverse, qui fait, en un mot, usage du libre arbitre. L'analogie me semble ici en faveur de cette appréciation, et elle seule, je le répète, peut avoir voix délibérative dans la question.

Je ne puis évidemment reprendre pour d'autres types l'examen et la discussion à laquelle je viens de me livrer pour l'insecte, et je vais me borner à présenter ici, à propos des animaux chez lesquels on pourrait n'admettre que le jeu de l'instinct, quelques considérations générales ayant trait aux traces du libre arbitre qui se trouvent encore chez eux, et dont les manifestations sont bien des fois plus faciles à présumer qu'à constater.

La vie de l'insecte est dominée, je le reconnais, par l'instinct ; les actes merveilleux qui constituent ce cycle biologique si remarquable paraissent, il est vrai, être réglés et déterminés d'avance par quelque chose qui n'est plus la raison et qui est conséquemment étranger au libre arbitre. La chenille file son cocon quand le moment physiologique est venu ; elle le construit en lui donnant une forme qui ne tient certainement pas à un calcul de sa part ; l'ammophile cherche le ver gris et le pique de son dard sur les points précis de la chaîne nerveuse pour le paralyser; l'abeille construit ses cellules hexagones et y dépose son miel et ses œufs, etc., etc. Tous ces faits se renouvellent sans différences notables pour chaque animal de la même espèce, et nous les mettons sur le compte de l'instinct que nous nous contentons de considérer comme étranger au libre arbitre, sans d'ailleurs discuter ici sa nature et son origine. Voilà qui me semble établi et que je suis loin de contester. Oui, il n'est pas douteux que ces grands traits de la vie de l'insecte sont dictés par quelque chose de déterminé; nous savons cependant que l'accident peut amener dans les actes des modifications notables, Mais, en laissant même de côté ces modifications, ces changements accidentels, et qui me semblent *voulus,* est-on en droit de prétendre que tout, dans l'accomplissement des actes considérés avec raison comme instinctifs, est absolument prévu et réglé d'avance?

L'insecte est appelé à parcourir un cycle d'opérations plus ou moins compliquées dont l'exécution doit certainement être rapportée à l'instinct, et dans laquelle la volonté et la liberté semblent, à première vue, ne jouer aucun rôle réel. Le ver à soie file son cocon, le cholicodome construit sa cellule de terre, l'abeille son rayon de cire et de miel, l'ammophile creuse son terrier, la taupe grillon construit sa demeure souterraine, l'araignée file et dispose sa toile; et tout cela se fait en vertu d'une disposition héréditaire à laquelle on donne le nom d'instinct et à laquelle la liberté pourrait être réellement étrangère. Cela est vrai pour chacun de ces actes pris dans son ensemble, et je n'ai garde de le contester. Mais est-il prouvé, par exemple, que tous les vers à soie, appelés à construire un cocon, procèdent d'une manière *absolument identique,* exécutent pour cette œuvre des mouvements *rigoureusement semblables,* et n'apportent aucune modification dans la manœuvre et, pour ainsi dire, dans le manuel de l'exécution? Le contraire me paraît infiniment plus probable. L'observation directe et l'analogie sont particulièrement favorables à cette dernière opinion.

Il est, en effet, digne de remarque que le ver à soie se con-

forme aux conditions qui l'entourent et modifie son travail
suivant les accidents du milieu. Les premiers fils, destinés à
fournir au cocon futur des moyens solides de suspension et de
fixation, présentent, d'un cocon à l'autre, des variations dues,
en partie seulement, aux différences dans la situation des corps
étrangers auxquels l'animal peut les rattacher. Il n'est certainement pas deux cocons qui se ressemblent entièrement à
cet égard, quoique les animaux aient été placés dans des conditions semblables. En outre, dans la confection du cocon lui-
même, l'animal exécute des mouvements dont la direction et la
succession, considérées *en général*, sont certainement fixées,
mais qui, certainement aussi, diffèrent dans une certaine limite
d'un animal à un autre. Il en résulte, en effet, des cocons comparables, mais jamais identiques.

Il y a donc, à côté des opérations réglées et dont le plan fixé
d'avance doit être aveuglément suivi par l'animal, il y a, dis-je,
une certaine variation, quelque chose qui pourrait bien être
indéterminé et qui représenterait la marge, dirai-je, la latitude
des variations libres et volontaires. Il serait bien difficile, me
semble-t-il, de nier absolument cette possibilité, bien plus,
cette probabilité.

J'ai parlé d'analogie, et j'appuie mon dire. Ce mélange,
cette superposition du déterminé et de l'indéterminé, de l'instinct et des actes raisonnés et libres, se retrouvent très fré-
quemment dans le monde biologique, et chez l'homme en particulier. L'homme, comme les autres animaux, a des actes
instinctifs à exécuter, et il les exécute, en effet, comme tels ;
mais il n'est pas nécessaire d'être bien perspicace pour constater que l'accomplissement aveugle de ses actes s'accompagne,
dans les détails, de modifications et de variations dues à la volonté
et à la liberté. Prendre les aliments, les mâcher, les avaler,
respirer, sont des actes instinctifs dont l'exécution est assurée
en dehors de la volonté ; mais combien l'intervention de notre
liberté est-elle possible et efficace pour introduire des variations dans chacun des actes ! L'instinct veut qu'il soit allé d'un
point à un autre, mais entre ces deux points la volonté et la
liberté peuvent tracer bien des voies plus ou moins distinctes

et différentes les unes des autres. Dans la préhension des aliments, dans leur mastication, que de manières différentes, que de nuances peuvent être introduites par la liberté et par la volonté, depuis les manières gloutonnes jusqu'à l'exquise délicatesse des gens bien élevés ! On peut également respirer de bien des manières, et procéder à volonté par des inspirations profondes ou prolongées, ou par des inspirations courtes et fréquentes. La liberté ici s'associe souvent et facilement aux ordres aveugles et impérieux des impulsions instinctives pour modifier les détails de l'exécution.

Pour emprunter une comparaison à un autre ordre d'idées, il y a dans les opérations chirurgicales ce que l'on appelle le manuel opératoire qui a été réglé et déterminé d'avance, en s'appuyant sur les enseignements de l'anatomie et de la physiologie normales ou pathologiques. Le chirurgien qui se dispose à faire telle opération, en connaît le manuel ; il sait que les incisions doivent avoir des directions précisées d'avance, que telle incision doit en précéder telle autre, qu'il y a dans le cours de l'opération des temps distincts auxquels correspondent des détails précis de l'opération. Il se dispose à obéir aux règles établies, à suivre ponctuellement la succession imposée aux manœuvres ; il n'y manque pas si l'on considère chacun des temps principaux qui constituent l'opération ; mais on sait bien que, malgré cette fidélité à la voie préalablement tracée, il n'en agit pas moins avec liberté ; il apporte, en effet, sa raison et sa liberté dans l'exécution d'une opération que l'on qualifie cependant de réglée ; et, dans chacun des détails conduisant au but prévu, il fait usage de son libre arbitre. Je répète donc que l'analogie comme l'observation permettent de penser que, même dans l'exécution des actes instinctifs les plus incontestables de l'insecte, des manifestations d'indéterminisme et de liberté sont possibles, j'ajoute qu'elles sont même probables ; et j'attends pour changer d'avis que les observateurs fournissent une démonstration sérieuse de la justesse de l'opinion contraire.

S'il y a dans la vie de l'insecte des traces qui ne me paraissent pas douteuses de liberté, il n'y a pas de raison pour penser que ce groupe d'invertébrés a seul été doté à cet égard. Les autres groupes, tels que les crustacés (écrevisses, crabes, cloportes), les mollusques (escargot, poulpe, seiche), les échinodermes (oursins, étoiles de mer), les arachnides (araignées, scorpions), les myriapodes (scolopendres, jules), fournissent certainement des observations qu'il est facile de rapprocher de celles auxquelles donnent lieu les insectes ; et il n'y a pas de difficulté sérieuse à passer de ce dernier groupe à ceux qui sont cités plus haut. La difficulté devient plus réelle quand il s'agit des animaux tout à fait inférieurs, tels que les anthozoaires (coraux, madrépores, polypes, méduses), les spongiaires (éponges), et plus spéciale- ment lorsqu'on arrive aux protozoaires (infusoires, etc.) Ici, certainement, les manifestations du libre arbitre sont si obscures, si voilées, si difficiles à distinguer des phénomèmes involontaires et réflexes de la vie purement physiologique qu'il devient presque impossible d'en démontrer directement l'exis- tence. Mais il n'est pas moins impossible, que dis-je? il est encore plus impossible de la nier. Qui pourra avancer avec certitude que l'infusoire, que l'amibe parcourant dans tous les sens, à la recherche d'une proie, le liquide qui les contient, obéissent exclusivement, et d'une manière aveugle et absolue, à l'impulsion de l'instinct, et qu'il n'y a rien d'indéterminé dans cette course qui semble manquer de règle et de direction, et dont l'imprévu frappe l'observateur. Pour- quoi, ici comme pour l'insecte, ne verrions-nous pas, dans cette recherche instinctive de l'aliment, l'appoint d'un rudiment de liberté dont l'évidence, pour être moins saisissable, n'en est pas moins réelle. Avant de nier le fait, il faut établir sa négation sur des preuves, et sur de solides arguments, car il a en sa faveur les apparences de l'observation, et l'appui de l'analogie.

Il est certain qu'à mesure que l'on descend dans l'échelle animale, à mesure aussi se restreignent les manifestations psychiques, et il semble, au bas de la série, que les fonctions physiologiques pures constituent uniquement la vie de l'ani- mal. Mais avant d'affirmer que ces organismes cellulaires, c'est-à-dire réduits souvent à une simple cellule, n'ont aucun des attributs de la vie psychique, il convient de se rappeler que, pendant une phase de son existence, l'homme, oui, l'homme lui-même, n'a pas été plus prodigue de manifestations psychiques. Or cette phase a été justement celle où l'homme présentait une structure corporelle identique à celle de ces organismes inférieurs, c'est-à-dire lorsqu'il était encore à l'état d'œuf, cellule simple ou déjà subdivisée pour la formation de l'embryon. Il faut donc savoir être logique et convenir que si l'œuf humain, dans lequel se trouvaient certainement accumulées à l'état virtuel les facultés de l'homme futur, ne manifestait ses facultés psychiques et son libre arbitre ni plus ni moins que ces organismes inférieurs, on n'a pas réellement le droit de se baser sur le faible degré de ces manifestations chez ces organismes pour leur refuser ce que l'on est si bien disposé à accorder à l'œuf humain. On pourra dire, il est vrai, que l'œuf humain démontre ce qu'il est par ce qu'il sera plus tard, mais cet argument n'a pas une grande valeur quand on se place au point de vue du transformisme, car pour lui l'œuf humain n'est qu'une phase rappelant une période de développement de la vie animale où l'organisme ne s'élevait pas au-dessus de la vie cellulaire, et il ne se distingue des organismes inférieurs que par l'acquisition d'une plus grande aptitude à atteindre un développement supérieur. Si les organismes inférieurs ont donné naissance aux organismes supérieurs, les phases de la vie de ces derniers, qui rappellent la forme ancestrale inférieure, en sont la reproduction exacte et la représentation parallèle. Je dois dire, d'ailleurs, que ce parallélisme du développement phylogénique du monde animal, c'est-à-dire le parallélisme de la formation successive des types par des modifications progressives d'une part, et du développement ontogénique d'autre part, c'est-à-dire du développement de l'individu, en parcourant lui-même les phases qui ont caractérisé ses ancêtres, ce parallélisme, dis-je, est une des plus merveilleuses et des plus fécondes conceptions auxquelles le transformisme est venu fournir une démonstration, tout en recevant d'elle un appui d'une grande valeur. Je ne crains pas de dire que cette idée, qui avait déjà été émise par quelques naturalistes tels que Serres, même en dehors de toute préoccupation transformiste, est une des plus brillantes conquêtes des sciences naturelles de notre temps. Il n'est donc ni imprudent, ni téméraire, pour un naturaliste, d'y chercher un argument en faveur de ces conceptions.

Le règne végétal nous met en présence d'un groupe d'êtres vivants, où nous ne chercherons pas à reconnaître des traces d'une réelle activité psychique. Les manifestations de la vie, dont ils sont le siège, semblent tous appartenir au domaine de la physiologie Si donc nous devons y rencontrer des traces de liberté, c'est dans les phénomènes physiologiques qu'il faut les rechercher, et les considérations que nous allons leur consacrer pourront s'adresser à la vie physiologique en général, car elle ne diffère pas essentiellement chez les animaux et chez les végétaux. Il y a, dans ce domaine, comme dans celui de l'intelligence, des lois qui ne peuvent être violées et dont l'accomplissement est assuré. Il y a des règles précises qui sont fidèlement suivies et un déterminisme relatif qui ne saurait être méconnu. Il faut convenir même que le degré de ce déterminisme apparaît comme bien supérieur à celui qui préside au mécanisme intellectuel.

Cela peut tenir, ou bien à ce que dans l'ordre physiologique la constatation des phénomènes et de leur enchaînement est de sa nature moins entourée de difficultés; mais cela peut être dû aussi, et je suis disposé à le croire, à ce que les faits de cet ordre sont plus rigoureusement déterminés et à ce que l'amplitude des déviations libres y est, en effet, bien moindre. Non seulement donc, dans ce domaine, la liberté s'exerce dans un ordre de faits moins élevé que dans le domaine psychologique, mais son étendue est plus circonscrite et son pouvoir plus limité. Aussi est-il d'usage de l'appeler d'un autre nom, et l'Ecole médicale de Montpellier a depuis longtemps l'habitude de la désigner sous le nom de contingence. La contingence des faits vitaux est, en effet, une des doctrines fondamentales de cette ancienne école qui trouve dans cette condition un des caractères les plus propres à distinguer les faits physiologiques des faits appartenant à l'ordre physique proprement dit. Nous emploierons volontiers ce terme, ou

encore celui d'*indéterminisme*, dont l'étymologie dit assez la
signification.

L'indéterminisme, ou la contingence des faits vitaux, a longtemps été, à des degrés divers sans doute, le *Credo* de plusieurs
écoles médicales. Mais les résultats de la physiologie expérimentale moderne, et l'assimilation complète qu'on a voulu faire entre
les faits de l'ordre physique et chimique et ceux de l'ordre
physiologique ont conduit beaucoup de biologistes à penser que
ces derniers ne différaient des premiers que par leur complication, et par le nombre plus grand des facteurs et des combinaisons possibles. Il est à craindre qu'on ne soit allé trop loin dans
cette voie et qu'on n'ait dépassé le but en croyant l'atteindre par
une logique à outrance et une observation trop sommaire des
faits.

Ce que les déterministes modernes ont établi, c'est que,
dans des conditions d'expérimentation aussi rigoureusement
semblables que possible, les résultats généraux sont semblables
ou comparablés ; mais il est incontestable que la similitude des
résultats n'a pas dépassé, jusqu'à présent, une certaine limite,
et qu'en dehors d'une certaine approximation, on ne peut prétendre à assimiler les résultats physiologiques obtenus. Il est
vrai qu'on a la ressource de se retrancher derrière cette remarque, que les conditions expérimentales ne sont jamais absolument identiques, et que les sujets notamment présentent
toujours entre eux quelque différence. Une même dose d'électricité appliquée au même nerf, ou au même muscle du même
animal, produira des effets semblables dans tous les cas, mais
qui différeront cependant à un degré quelconque en intensité,
en rapidité, en durée. Cette différence pourra tenir sans doute,
soit à l'état général du sujet, soit à l'état particulier du nerf ou
du muscle sur lequel on opère. C'est là un fait incontestable ;
mais il ne faudrait peut-être pas en abuser comme argument
en faveur du déterminisme. Si l'observation à permis de ré-
duire dans de très notables proportions l'écart entre les effets
d'une même cause sur des sujets semblables ou même sur un
même sujet, il n'est pas permis d'affirmer qu'elle a réduit cet
écart à néant. Une telle affirmation n'est point un fait démon-

tré, elle est plutôt un *acte de foi* qui pourrait bien résulter d'un abus de l'analogie.

Et cependant les exemples ne manquent pas pour mettre en garde contre une telle cause d'erreur. Les sciences physiques abondent en faits de cet ordre qui sont de nature à prouver que ce qui est rigoureusement vrai jusqu'à une certaine limite, cesse de l'être au delà. Ainsi de ce que la densité de l'eau croît d'une manière continue quand on l'abaisse de 100° à 50°, de 50° à 40°, de 20° à 10°, on pourrait se croire autorisé à conclure par analogie qu'il doit en être de même de 10° à 0° et ainsi de suite. Or on sait bien qu'il n'en est rien, et que le maximum de densité est atteint à + 4°, et qu'à partir de ce point et au-dessous la densité de l'eau décroît, de telle sorte qu'à 3°, 2°, 1°, 0° l'eau est moins dense qu'à 4°. On sait également que bien des lois relatives à la dilatation des corps, aux volumes et aux tensions des gaz et des vapeurs, la loi de Mariotte, par exemple, etc., ne sont rigoureusement vraies que dans l'intervalle de certaines limites. Il pourrait bien se faire que dans la question du déterminisme biologique, il fallût également reconnaître certaines bornes. Que ce déterminisme soit bien plus étroit que celui du monde psychique, que l'amplitude des variations libres y soit bien moindre, je crois qu'on serait mal venu de le nier; mais on est, me semble-t-il, également téméraire en niant tout degré de contingence ou d'indéterminisme.

Pour moi, je suis très frappé de l'étendue, de la puissance, de l'universalité complète de ce que l'on a nommé la variation dans le monde vivant. Pas deux arbres identiques dans une forêt, pas deux feuilles exactement semblables sur un même arbre, dans le règne végétal tout entier. Pas deux animaux exactement semblables dans une même espèce, dans une même race, que dis-je, dans une même portée. Pas deux cellules identiques dans un même organe et même dans tous les organes semblables. Pas deux actes physiologiques identiques chez des individus différents, bien plus chez le même individu! A quoi cela tient-il? d'où vient cette mobilité excessive, ces changements dont le nombre est infini, cette variation incessante qui n'épuise jamais toutes les formes, mais qui en a toujours de nouvelles à sa disposition ? De la variation dans le milieu, dans les conditions, diront les déterministes résolus. Mais on peut alors leur en demander la preuve. Cette preuve, il est réellement impossible de la produire; ou du moins elle n'est possible que dans certaines limites. Aller au delà, c'est sortir du domaine de la science et entrer dans celui de la foi.

Une fois sur ce terrain, le penseur qui croit à un certain degré d'indéterminisme se trouve aussi solidement établi que son adversaire. Il a les mêmes droits de croire, et sa foi n'est pas d'une logique inférieure à celle de la foi de ce dernier. L'universalité, si remarquable de la variation, parle certainement avec plus d'éloquence pour sa cause que pour la cause contraire.

Cette variation, qui est d'une importance si considérable dans l'hypothèse transformiste, et qui d'ailleurs est une base indispensable de la théorie de la sélection naturelle, cette variation, dis-je, est, il faut le reconnaître, restée bien obscure quant à sa cause, à son essence et à ses lois. Nous pouvons en dire autant de l'hérédité qui s'y rattache et pour laquelle nous n'avons encore que des notions bien confuses et bien incomplètes. Que d'inconnus dans ces domaines, et combien la science est déroutée en présence de ces manifestations si incertaines, si variées, si inattendues et si fugaces de l'hérédité! Pourquoi n'admettrions-nous pas dans ces cas, à côté d'influences réelles du milieu, à côté d'un lien direct et positif des effets à des phénomènes antérieurs qui jouent, par rapport à eux, le rôle de causes, pourquoi n'admettrions-nous pas, dis-je, à côté de ces facteurs, dont l'existence et l'influence ne peuvent être méconnues, un autre facteur qui modifie les résultats dans certaines limites et qui ne serait qu'un élément de liberté, ou mieux, d'indéterminisme? Pour moi, je ne vois aucune objection irréfutable à une pareille conception. Elle a droit à être admise au moins autant que l'hypothèse contraire, et elle fournirait une explication, satisfaisante pour le moment, de tant d'inconnus qui ne paraissent pas près d'être dévoilés.

Voilà pour l'ordre physiologique. Nous venons de voir que le déterminisme absolu est loin d'y être démontré. Pouvons-nous en dire autant du monde physique proprement dit ; c'est-à-dire des phénomènes qui sont du ressort de la physique et de la chimie considérées d'une manière générale ? C'est ce que je me propose d'examiner dans un autre Essai.

CINQUIÈME ESSAI

———

Les conclusions qui me semblent ressortir de l'Essai précédent, c'est que, dans le domaine de la physiologie, on ne peut pas plus que dans celui de la psychologie affirmer un déterminisme absolu ; qu'il y a donc, dans les faits physiologiques, à côté d'une succession déterminée des phénomènes qui peut être prise pour un enchaînement, il y a, dis-je, une certaine marge, une certaine latitude laissée à l'indéterminisme, puisqu'il existe partout une variation, une contingence dont nous ne pouvons parvenir à préciser la cause d'une manière incontestable. Les domaines psychologiques et physiologiques laissent donc la porte ouverte à certains degrés d'indéterminisme. Ces degrés sont différents, il est vrai, dans les deux cas, l'indéterminisme étant bien plus étendu, bien plus important dans le domaine psychologique où il atteint la dignité de libre arbitre.

Il nous reste à examiner, si, dans le domaine des sciences physiques, c'est-à-dire dans la matière dite inanimée, il n'est pas également possible de retrouver des conditions d'indéterminisme. Pour beaucoup de lecteurs, la question paraîtra d'abord paradoxale, car il semble difficile d'admettre de la contingence ou de l'indéterminisme dans un domaine où ce que l'on appelle *lois naturelles*, se vérifie à l'aide du compas et de la balance, se mesure avec des instruments précis et perfectionnés, et peut être soumis rigousement aux lois du calcul.

Cette première impression n'est pas pour nous surprendre ;
et d'ailleurs elle est certainement éprouvée par bien des hommes auxquels ces sciences sont familières et qui sont autorisés
à apprécier leur degré de certitude. Néanmoins, avant d'arrêter son jugement sur cette question, il convient d'examiner
quels sont les éléments qui servent à l'édification des lois naturelles de l'ordre physique. D'une part, les faits observés, et
d'autre part, les conclusions qui en sont tirées conformément
aux lois de la logique intellectuelle dont les mathématiques
sont l'expression rigoureuse.

La seconde de ces parties ne saurait être contingente. Il y a
évidemment là une nécessité intellectuelle et logique qui exclut
l'indéterminisme.

En présence de la répétition constante d'un phénomène dans
certaines conditions données, l'esprit ne peut reculer devant la
formule d'une loi qui exprime cette relation du phénomène et
de ces conditions. En voyant le rayon solaire dévié et décom-
posé par un prisme de cristal toutes les fois qu'il tombe sur
une des faces de ce prisme, il n'est pas permis à l'intelligence
de ne pas énoncer cette proposition, que le prisme réfracte et
décompose la lumière du soleil. Cet acte intellectuel est nécessaire et entièrement déterminé, si bien que pour qu'il ne se
produisit pas, il faudrait que l'esprit humain cessât d'être ce
qu'il est.

Mais c'est là un déterminisme qui n'atteint que les lois de
l'esprit, et non les phénomènes de l'ordre physique.

Ces derniers sont-ils nécessaires et absolument déterminés ?
La question peut être envisagée de plusieurs manières. En se
plaçant au point de vue purement spéculatif, peut-on affirmer
que tous les faits physiques s'engendrent *nécessairement* les
uns les autres, et qu'il y a toujours entre eux un rapport de
cause à effet, une relation de causalité ? Ou bien au point de
vue pratique, c'est-à-dire au point de vue de l'observation directe, peut-on affirmer qu'il n'y a, dans les faits physiques, que
ce que nous pouvons y voir, et qui peut nous faire croire à leur
déterminisme ? N'y aurait-il pas en eux quelque chose
dont nous avons le droit de soupçonner l'existence, que nous

pouvons même saisir partiellement dans quelques cas et qui est propre à nous suggérer l'idée d'un indéterminisme relatif ? Nous allons examiner successivement ces deux faces de la question.

Y a-t-il entre les phénomènes que nous observons un rapport nécessaire de causalité ? Un phénomène physique doit-il toujours en engendrer, en provoquer un autre, vis-à-vis duquel il joue le rôle de cause ? Il est aisé de comprendre que poser une pareille question, c'est demander si le déterminisme existe ou n'existe pas, car la constance et la nécessité du rapport de cause à effet détermine les phénomènes et détruit toute contingence.

A cette question je trouve une réponse très remarquable faite par un des hommes qui, à notre époque, se sont le plus distingués dans les progrès de la physique, et plus particulièrement de la physique physiologique. J'ai désigné par là le professeur Helmholtz dont les travaux sur l'optique, sur l'acoustique, sur la conservation de la force sont justement considérés comme des œuvres de maître. J'eusse désiré mettre sous les yeux du lecteur ces pages si dignes de l'attention des philosophes. Mais je dois ici me borner à en faire une courte analyse, en renvoyant le lecteur au texte même du grand physicien (1).

La loi de causalité, dit en substance Helmholtz, au moyen de laquelle nous concluons de l'effet à la cause (c'est-à-dire de l'effet à l'existence d'une cause nécessaire et suffisante) est en réalité une loi de notre pensée, et non pas le résultat de l'expérience. Le nombre des cas où nous *croyons* pouvoir démontrer complètement le rapport causal des phénomènes naturels est bien peu considérable par rapport au nombre des cas où cette démonstration nous est encore *complètement impossible*. Les premiers appartiennent presque exclusivement à la nature inorganique, tandis que les cas non démontrés comprennent la plus grande partie des phénomènes de la nature organique. Pour les *animaux* et les *hommes* nous admettons

____

(1) H. Helmholtz. *Optique physiologique*. Trad. franç. par Javal et Klein. 1857, p. 951.

même avec *certitude*, d'après notre propre conscience, un principe de *libre arbitre* que nous sommes *absolument obligés* de soustraire à la dépendance de la loi causale. « Malgré toutes les spéculations théoriques sur la fausseté possible de cette conviction, dit Helmholtz, je crois que notre conscience naturelle ne s'en départira jamais. » Ainsi ce sont précisément les cas les mieux et les plus exactement connus de nos actions que nous considérons comme des exceptions à la loi de causalité. Si donc la loi causale était une loi d'expérience, il faut convenir que sa démonstration expérimentale serait très peu satisfaisante.

La loi causale présente le caractère d'une loi purement logique, purement intellectuelle, car elle dépend pour nous uniquement de la manière dont nous comprenons et interprétons l'expérience, et non de l'expérience elle-même. Lorsque nous ne voyons pas clairement le lien causal des phénomènes, nous ne concluons pas que ce lien n'existe pas, mais que nous n'avons pas encore saisi l'ensemble des causes qui agissent dans le phénomène que nous observons. Si, au contraire, nous sommes parvenus à comprendre certains phénomènes de la nature d'après la loi causale, nous en déduisons qu'il existe dans l'espace certaines masses matérielles qui s'y meuvent et qui agissent les unes sur les autres avec certaines forces motrices. Mais l'idée de matière aussi bien que celle de force, sont des idées abstraites, qui ne sauraient être jamais séparées l'une de l'autre, car la matière ne se peut concevoir sans la force et la force sans la matière. Ces deux idées ne sont que des manières abstraites d'envisager les mêmes objets sous des aspects différents. La matière et la force ne sont jamais que les causes cachées des faits d'expérience, et ne peuvent être directement soumises à l'observation. Si donc nous posons comme causes dernières et suffisantes des phénomènes naturels, des abstractions qui ne peuvent jamais être soumises à l'expérience, comment pouvons-nous prétendre qu'on puisse démontrer par l'expérience que les phénomènes ont des causes suffisantes?

La loi de la cause suffisante n'est pas une loi naturelle ; elle est tout simplement la prétention de vouloir tout comprendre, prétention qui est le résultat d'une tendance de notre esprit à chercher des *notions générales* et des *lois naturelles*. Les lois naturelles ne sont que des notions générales qui comprennent les variations naturelles. Il peut exister certainement entre les phénomènes des rapports objectifs particuliers ; mais c'est notre pensée seule qui, pour ses besoins, transforme ces rapports dont nous ignorons la nature en *rapports de causalité.*

Ainsi donc, d'après le physicien Helmholtz, la succession causale des phénomènes, c'est-à-dire cette loi en vertu de laquelle les phénomènes de l'ordre physique s'engendrent nécessairement les uns les autres, n'est à la rigueur, qu'une conception de notre intelligence, un produit de notre pensée, et non une représentation expérimentalement établie de la réalité. L'enchaînement causal des phénomènes de l'ordre physique n'étant pas une vérité indiscutable, il reste donc une place quelconque mais légitime pour la possibilité d'une succession indéterminée de ces phénomènes, c'est-à-dire pour une certaine dose d'indéterminisme.

Comme commentaire et développement des idées exprimées dans les pages qui précèdent, je recommanderai à l'attention de mes lecteurs un article de mon collègue distingué, M. Lionel Dauriac, professeur de philosophie à la Faculté des lettres de Montpellier et auteur d'une thèse remarquée sur la *Matière et la force* (1). Quelques courts extraits suffiront pour indiquer l'esprit de cet article : « Le déterminisme a besoin d'être démontré, dit M. Dauriac ; il ne s'impose donc pas à titre d'axiome. Il s'impose si peu qu'aux yeux de l'observateur, les phénomènes *surgissent les uns à la suite* des autres, mais pas les *uns des autres.* La prétendue nécessité de leur apparition ne se peut constater. A vrai dire, le règne du déterminisme n'est pas dans le monde objectif; son empire ne s'étend sur la nature qu'après s'être préalablement exercé sur la pensée. Il n'y a d'autre nécessité que la nécessité logique ou mathématique... La contingence des lois de la nature n'est-elle pas

(1) *Critique philosophique* de **M.** Renouvier (juin 1884).

aussi indiscutable que la nécessité des lois de l'esprit?... La contingence règne dans la nature ; en nous aussi elle trouve place. Les lois de la pensée sont nécessaires ; les actions humaines sont contingentes... Ainsi le déterminisme physique est loin de ne pouvoir être révoqué en doute... Il faut bien convenir que nous ne trouvons dans la nature qu'un simulacre de nécessité, qu'une ombre de déterminisme. »

Les documents qui précèdent et dont le vif intérêt n'aura certainement pas échappé à nos lecteurs, m'ont permis de montrer comment la question de l'indéterminisme du monde physique pouvait être théoriquement envisagée par des esprits distingués placés dans des sphères très différentes du domaine scientifique, et dont les aperçus présentent cependant de remarquables points de contact. Je ne saurais donner plus d'étendue à cette discussion générale et toute spéculative de la question ; je tiens surtout en effet à me mouvoir sur le terrain de l'observation qui est le mien, et à puiser mes conclusions dans une analyse des phénomènes de l'ordre physique et dans une discussion approfondie des conditions de l'observation de ces phénomènes.

Jetons donc un regard sur le côté objectif de la question et demandons-nous s'il est absolument certain, s'il est bien démontré que rien d'indéterminé ne se trouve dans les phénomènes d'ordre physique. Je crois qu'il serait malaisé de soutenir l'affirmative et surtout d'en donner la preuve irréfutable. Il est incontestable que les phénomènes physiques considérés dans leur ensemble nous *paraissent* régis par des lois positives qui n'admettent rien d'indéterminé. Il *semble* y avoir un rapport constant de nature et d'intensité entre l'effet et la cause, de telle sorte que rien d'*imprévoyable*, rien de contingent ne paraît venir se mêler aux phénomènes pour les modifier en quelque mesure. La chute des corps, les vibrations des corps sonores, les phénomènes électriques, les phénomènes d'affinité, les combinaisons et décompositions chimiques, se produisant dans des conditions identiques, donnent des résultats identiques. Les instruments de précision qui sont arrivés à un haut degré de perfectionnement permettent de constater ces faits ; et le doute ne semble pas permis. Où donc est la place de l'indéterminisme dans un milieu qui semble si rigoureusement enchainé dans un déterminisme absolu, et où toute cause paraissant produire un effet qui lui est proportionnel, et tout effet, semblant provenir d'une cause précise, l'aphorisme : « rien ne se crée, rien ne se perd » semble se réaliser d'une manière complète ? Cependant, je ne crains pas d'avancer que, malgré les apparences, il est permis de penser qu'il y a dans le monde physique place pour un certain degré d'indéterminisme.

Seulement ses oscillations libres ont une amplitude très faible, et qui échappe le plus souvent, presque toujours, à nos moyens d'investigation, car la décroissance graduelle que nous avons reconnue déjà dans l'amplitude des variations libres en passant de la liberté morale de l'homme et des animaux supérieurs à la contingence des faits physiologiques, cette décroissance, dis-je, se poursuit et s'accentue en passant de la matière vivante à la matière inorganique. Elle aboutit ainsi à un degré d'indéterminisme dont les oscillations sont si limitées que leurs mouvements vibratoires se perdent dans les mouvements déterminés d'une amplitude plus grande et qui seuls sont capables d'impressionner nos sens, soit directement, soit par l'intermédiaire des moyens perfectionnés d'observation.

L'état de la physique moderne permet de penser que les corps matériels sont composés de particules (soit corpuscules, soit centres de force) qui sont le siège d'actions réciproques provoquant des mouvements dirigés dans tous les sens, avec une vitesse plus ou moins considérable. « Dans la nature, dit Huxley (*Discours sur les rapports des sciences biologiques avec la médecine*), dans la nature, rien n'est au repos, rien n'est amorphe ; la particule la plus élémentaire de ce que les hommes, *dans leur erreur*, appellent la *matière brute*, est une vaste agrégation de mécanismes moléculaires, accomplissant des mouvements compliqués avec une étonnante rapidité et s'adaptant merveilleusement à tous les changements du monde extérieur. »

L'étendue de ces mouvements, leur direction, leur vitesse, leur forme même pourraient varier suivant la nature du corps, suivant sa consistance, suivant sa température, suivant en général l'état des forces dont il est le siège ou le substratum. On connaît les belles expériences de Crookes, sur ce qu'il a appelé la *matière radiante,* c'est-à-dire la matière tellement raréfiée que ses molécules relativement éloignées les unes des autres, n'étant plus aussi gênées et limitées dans leurs mouvements incessants par les molécules voisines, parcourent un trajet libre dans une étendue relativement très considérable et qui, dans tous les cas, est de l'ordre des grandeurs que nous avons l'habitude de mesurer. On sait également que les physiciens admettent au nom de l'expérience et du calcul, l'existence dans tout l'univers de l'éther, matière impondérable extrêmement subtile et dans un tel état d'atténuation que, réduite à ses atômes élémentaires, elle pénètre partout, aussi bien dans les espaces interplanétaires que dans les espaces intermoléculaires, c'est-à-dire dans l'intérieur des corps. L'éther est animé d'une manière continue de vibrations dont l'amplitude et le nombre peuvent varier suivant certaines conditions.

Les physiciens pensent en outre que les états solides, liquides et gazeux des corps dépendent de la distance et de l'indépendance relatives plus ou moins grandes des molécules des corps, les molécules des corps solides étant plus rapprochées et par conséquent, plus attirées les unes vers les autres, moins indépendantes, leurs positions moyennes restant fixes dans leurs centres d'oscillations, les molécules des gaz atteignant au contraire un haut degré d'éloignement réciproque et d'indépendance, qui provoquent des collisions intermoléculaires et peuvent produire des effets analogues a ceux d'une répulsion, tandis que celles des liquides occupent une situation intermédiaire.

Quel est le savant qui pourra affirmer comme un fait certain que l'indéterminisme de la matière dite minérale, ne se manifeste pas dans ces mouvements infiniment petits, dont la science suppose et devine l'existence plutôt qu'elle ne les observe directement. N'est-il pas permis de présumer qu'à côté des mouvements des masses et des mouvements d'ensemble dont l'observation directe est du ressort de nos sens, et qui semblent soumis à des lois déterminées, il y a les mouvements des molécules, mouvements *relativement* indéterminés dans leur direction, leur vitesse, leur amplitude, etc. Je dis *relativement* indéterminés, car ils peuvent recevoir une influence déterminante des conditions au milieu desquelles ils se produisent, ainsi que le prouvent les expériences démontrant que le magnétisme et l'électricité impriment une certaine direction à la matière radiante, direction qui semble le résultat d'une sorte d'attraction ou de répulsion. Mais ce déterminisme relatif n'exclut pas une part d'indéterminisme. Nous savons en effet combien la liberté humaine elle-même se trouve mêlée à une part très importante de déterminisme.

On pourra objecter aux assertions qui précèdent qu'elles ne reposent sur rien, et qu'elles n'ont, comme bien des erreurs et des préjugés, leur raison d'être que dans l'ignorance et dans l'impossibilité où la science se trouve jusqu'à présent d'observer directement les mouvements moléculaires pour les soumettre à une analyse rigoureuse et pour les faire rentrer dans des lois précises et exclusives de toute liberté.

L'objection aurait une grande valeur si l'opinion que je professe ne reposait sur quelques faits d'observation qui, pour être rares, n'en sont pas moins susceptibles de donner en quelque mesures une base à la logique de l'hypothèse.

Nos lecteurs connaissent ce que les savants appellent le mouvement brownien du nom du savant naturaliste Robert Brown qui le remarqua le premier, en 1827.

Quand on observe au microscope des particules solides extrêmement tenues et suspendues dans un liquide, on voit que ces particules à peine perceptibles, que ces fines granulations sont agitées de mouvements incessants de va et vient, mouvements de très petite amplitude, dirigés dans tous les sens et que l'on avait d'abord attribués aux trépidations du sol

d'une grande ville sous l'influence du roulement des voitures
ou des chocs si multipliés dans la vie d'une grande cité. L'expérience a démontré que ces vibrations du sol n'étaient point la
cause de ces oscillations, et que ces dernières se produisaient partout, même dans les lieux les plus paisibles et le plus à l'abri
des mouvements imprimés au sol par des impulsions provoquées à la surface. Quelle est la cause de ces oscillations
incessantes, de ces mouvements sans fin ? Est-ce une action chimique développant de l'électricité et produisant du mouvement ?
Cela ne saurait être soutenu, puisque le mouvement brownien
existe aussi bien pour les particules les plus inertes suspendues
dans les liquides les plus indifférents, et que du reste il n'est
accompagné d'une altération quelconque, ni du milieu liquide,
ni des particules solides. L'hypothèse certainement la plus rationnelle est celle qui veut voir dans ces phénomènes des mouvements, non pas identiques, mais comparables à ceux qui animent
les molécules des corps, et qui s'exerceraient ici sur de très
petites agglomérations de molécules qui doivent à leur suspension dans un milieu liquide une facilité et une liberté relatives de
mouvement. Or, ces oscillations browniennes sont très variées
de directions ; elles se font dans tous les sens, et opèrent
ainsi dans la situation réciproque des particules des changements
incessants. Mais ici, quoique l'observation directe soit possible
et que les phénomènes se passent sous l'œil de l'observateur,
il paraît impossible de découvrir une loi qui règle et détermine
la direction de ces mouvements, dont l'amplitude paraît ne pas
beaucoup varier, tandis que leur sens est constamment modifié.
N'est-on pas tenté de voir dans ces phénomènes si remarquables le fait d'une sorte d'indéterminisme s'appliquant à
la direction de mouvements que rendent sensibles l'état
de division extrême de la matière et sa situation dans un
milieu qui facilite l'indépendance des particules et leur motilité ?
N'y a-t-il pas là quelque chose qui fait penser aux phénomènes
moléculaires avec les modifications que comportent les différences dans les conditions ? Dans tous les cas rien ne prouve
le contraire, et l'analogie est certainement favorable à un
pareil rapprochement.

Il est un autre fait qui mérite d'être rapproché du précédent et qui est tout aussi remarquable. Il existe dans beaucoup de roches cristallines de très petits espaces remplis de liquide auxquels on donne le nom d'*inclusions*. Ce sont des cavités formées au moment même où s'est opérée la solidification et la cristallisation de la roche, et dans lesquelles le liquide a été conservé par suite de l'imperméabilité absolue de la substance minérale. Si, comme on le fait si bien aujourd'hui, on a préparé au moyen d'instruments appropriés, des lamelles de la roche assez minces et assez transparentes pour pouvoir être observées au microscope, on remarque que dans certaines de ces cavités de formes d'ailleurs très variables et très irrégulières, se trouvent suspendues au sein du liquide de très petites bulles de gaz que l'on a nommées *libelles*. Lorsque ces bulles ont un diamètre supérieur à deux millièmes de millimètre elles paraissent immobiles au sein du liquide. Mais si leur diamètre est inférieur à deux millièmes de millimètre, elles sont animées d'une trépidation constante, tout à fait comparable à celle des particules solides dans le mouvement brownien. Cette trépidation est irrégulière et comme capricieuse, la libelle étant dirigée dans tous les sens et accomplissant des mouvements incessants de zig-zag qui ne présentent aucun caractère de régularité. Je me suis appliqué à suivre ces mouvements avec de très forts grossissements atteignant jusqu'à 2,000 diamètres et je n'ai pu saisir aucune loi appréciable dans leur direction. Je sais que les autres observateurs n'ont pas été plus heureux que moi, et voici ce que dit à leur propos M. de Lapparent dans son *Traité de Géologie*, de publication récente : « La trépidation des libelles se montrant *complétement indépendante des circonstances extérieures*, telles que la stabilité plus ou moins grande du support, et la *variation de la température*, la cause doit en être cherchée dans un phénomène d'un ordre plus intime. Aucune explication ne paraît plus admissible que celle qui, à la suite des expériences du R. P. A. Renard, a été proposée par les PP. Carbonelle et Thirion (*Revue des questions scientifiques, VII, 43, Bruxelles, 1880*). La thermodynamique nous enseigne que la surface de

contact d'un liquide et de la vapeur qui le baigne est le siège
d'un échange incessant entre les molécules qui reprennent l'état
liquide et celles qui se résolvent en vapeur ; de là résulte dans
les deux portions de l'inclusion (liquide et gaz) une variation
continuelle de leurs dimensions relatives. Si la libelle est
grande, ces variations se compensent et échappent aux regards ; mais quand la dimension devient comparable à celle
des espaces intermoléculaires, elles peuvent devenir sensibles
à l'observation. »

L'explication qui précède des mouvements des libelles me
semble tout aussi insuffisante et inacceptable que toutes celles
qui ont été données précédemment.

Il est clair en effet que s'il se fait un échange incessant entre
le liquide et le gaz, puisqu'il se produit également sur toute la
surface de la sphère le seul effet qui puisse en résulter, pour
une petite libelle comme pour une grande, ce sont des alter-
natives d'augmentation et de réduction des dimensions de la
libelle. Or, ces changements de volume ne peuvent avoir
aucune influence comme cause de déplacement, puisqu'ils
doivent se produire uniformément sur toute la surface
de la sphère. C'est d'ailleurs aller un peu loin que de
considérer les dimensions d'une libelle de un à deux millièmes de millimètre comme comparables à celles des espaces intermoléculaires. Ces derniers sont en effet considérable-
ment plus faibles, puisqu'on a cru pouvoir les évaluer à un
trente millionième de millimètre entre deux métaux soudés,
et à un trente-cinq millionième entre le mercure et l'eau acidu-
lée qui baigne sa surface. Les oscillations irrégulières et variables des libelles n'ont donc, pas plus que celles du mouvement brownien, trouvé d'explication rationnelle ; et l'on a le
droit, jusqu'à plus ample informé, de les considérer comme
rentrant dans le cadre des mouvements qui agitent incessamment les éléments de la matière, et qui ne peuvent devenir
manifestes que dans certaines conditions de ténuité et de suspension.

Mais d'ailleurs quelle que soit l'explication qu'on veuille donner
du mouvement brownien et des trépidations des libelles, il

reste encóre à expliquer les caractères singuliers de ces mouvements, qui paraissent indéterminés et capricieux dans leur
direction. Ce caractère témoigne nécessairement d'un certain
degré, d'une certaine part d'indéterminisme dans leur cause.
Quand, en effet, une cause régulière agit sur les mouvements
moléculaires, et sur les oscillations de l'éther, ils deviennent
dans une certaine mesure ordonnés, orientés, et acquièrent
une direction déterminée. Tel est le résultat de l'influence
du magnétisme ou de l'électricité sur la matière radiante, de
l'influence du pouvoir polarisant sur les vibrations lumineuses,
de l'influence des vibrations régulières des corps sonores sur
les vibrations de l'air, et des ondes sonores aériennes sur
l'orientation des poussières. A une cause régulière et déterminée d'impulsions succèdent des vibrations ou des mouvements
réguliers et déterminés. L'existence de vibrations à directions
variant sans règle et sans déterminisme apparent amène na-
turellement à conclure à l'existence de quelques conditions
d'indéterminisme dans la cause de ces vibrations.

Un certain degré d'indéterminisme pourrait donc résider
dans la direction, dans l'orientation des mouvements de molécules, c'est-à-dire des éléments dont l'agglomération constitue
la masse et la nature des corps matériels. Nous avons vu également que des agrégations de molécules de très petit volume
sans doute, mais déjà visibles au microscope, sont animées de
mouvements qui paraissent indéterminés d'avance dans leur
direction ; mais il est peut-être encore permis de se demander
si les masses plus considérables ne présentent point dans leurs
mouvements généraux qui paraissent déterminés et qui semblent obéir à des lois prévues, ne présentent point, dis-je, des
oscillations d'une très faible amplitude, qui se perdraient dans
le mouvement général. En d'autres termes, sommes-nous bien
assurés qu'un corps lancé dans une direction déterminée suive
rigoureusement une ligne *simple* et ne se meuve point au contraire suivant une ligne qui nous *paraît simple*, mais qui se
compose d'une suite plus ou moins irrégulière d'ondulations
dont le sinus extrêmement faible échappe à nos moyens les plus
précis d'observation.

De ce que ces oscillations ne sont point accessibles à nos procédés de constatation, on n'a rigoureusement pas le droit de conclure qu'elles n'existent pas absolument. Une comparaison me permettra de l'établir. Supposons un observateur placé au pied du Mont-Blanc et observant les déplacements d'un corps lumineux situé au sommet de cette montagne ; il est certain que s'il observe d'abord à l'œil nu, des déplacements très étendus du corps lumineux pourront ne pas échapper à son observation. Mais, en diminuant l'étendue du déplacement on arrivera à un écart tel que l'œil de l'observateur ne pourra plus le constater. Alors encore, l'aide d'une bonne lunette permettra la constatation du mouvement. Mais l'écart pourra être réduit jusqu'à un point-limite tel qu'il sera insensible même pour nos instruments les plus perfectionnés. Et cependant le déplacement n'en aura pas moins eu lieu. On comprend encore qu'à une grande distance le mouvement général d'un corps puisse être suivi, tandis que les petites oscillations qu'il éprouve dans ce transport en masse, puissent passer entièrement inaperçues. Peut-être sommes-nous ainsi vis-à-vis des corps inanimés dans la situation de cet observateur éloigné qui peut croire avoir suivi avec une rigoureuse exactitude la ligne parcourue par un corps en mouvement, tandis qu'il n'a saisi en réalité que la direction générale, et pour ainsi dire la résultante d'une série de petits mouvements oscillatoires dont le détail lui a complètement échappé.

Les vues que je formule là ne sont à la vérité qu'une pure hypothèse ; mais une hypothèse qui n'est peut-être pas entièrement dépourvue de logique ; car il serait possible que l'indéterminisme des mouvements moléculaires provoquât un certain degré d'indéterminisme dans les mouvements des masses. J'ajoute cependant qu'il est possible aussi et même probable que les mouvements des molécules d'une masse se produisant à la fois dans une infinité de directions contraires, s'annulent réciproquement et aboutissent à une résultante nulle ou presque nulle.

Peut-être quelques lecteurs seront-ils surpris de me voir rechercher les traces de l'indéterminisme de la matière dans des phénomènes moléculaires et dans les infiniments petits. Plusieurs pourront même penser que je m'efforce ainsi de dissimuler dans l'inconnu et dans l'inaccessible, l'embarras de ma situation et les impossibilités de ma thèse.

Je les prie de réfléchir que si la recherche des propriétés intimes et des caractères de la matière minérale doit être placée quelque part, ce n'est pas dans la contemplation des masses, mais dans l'étude pénétrante des éléments et dans les éléments et dans les profondeurs des tissus. Ce n'est pas, en effet, par l'observation superficielle des gros cristaux ou des blocs de matières minérales, que le chimiste prétend parvenir à la connaissance de la constitution et des propriétés fondamentales des corps, mais c'est en s'efforçant de pénétrer dans l'intimité des combinaisons et des affinités moléculaires qui leur ont donné naissance, c'est en poussant la décomposition et l'analyse jusqu'aux éléments les plus ténus et les moins perceptibles. C'est dans les conditions intimes de cette vie atomique que réside le secret des propriétés et de la nature des corps minéraux et c'est là seulement qu'il est utile d'en poursuivre la recherche.

Il n'en est du reste pas autrement pour la matière vivante. Les biologistes savent bien que la clef de la connaissance du monde vivant se trouve enfouie au sein de la cellule, où ils la cherchent encore ; et ils savent encore mieux, s'il est possible, que quand ils auront scruté et analysé la cellule, considérée en elle-même comme un organisme complet, il faudra, pour approcher du but, fouiller dans les profondeurs mêmes de cette cellule, pourtant si petite, pour se mettre en présence d'une simple molécule du protoplasme qui la compose, et que, cette dernière contemplé e en elle-même, il restera à la décomposer pour connaître les relations exactes de ses éléments atomiques, et que, ces relations une fois connues, il faudra encore descendre dans de bien plus incroyables profondeurs, pour qu'une lumière suffisante soit jetée sur les caractères et la nature de la matière vivante. C'est dans les éléments, et dans les éléments des éléments qu'est enfouie la lumière, et le mineur sagace et patient doit la chercher là et non ailleurs. Est-il donc étonnant que les manifestations si rudimentaires et si infimes de la liberté dans la matière minérale, ne se laissent apercevoir que dans les profondeurs de celle-ci? et n'est-il pas, au contraire, naturel de penser que plus on pénétrera dans ces profondeurs, plus il sera donné de saisir des traces de l'indéterminisme des mouvements élémentaires ?

Les considérations qui précèdent pourraient provoquer la question suivante : s'il y a de l'indéterminisme jusque dans la matière minérale, que deviennent la précision et la riguer des sciences physiques? Cette précision et cette rigueur n'en subsistent pas moins : mais on ne saurait dans aucun cas les considérer comme absolues. En voici la raison :

Les résultats des observations scientifiques dans tous les domaines ne sont, en effet, que d'une exactitude relative, et ne représentent la vérité qu'avec un degré d'approximation qui peut tenir à deux causes, l'imperfection de nos moyens d'observation, et l'amplitude des variations contingentes dans le sens des mouvements. L'importance relative de chacune de ces deux causes présente des différences susceptibles de produire des fluctuations notables dans le degré d'approximation qu'il est possible d'atteindre.

Dans le monde minéral, l'instrumentation très perfectionnée a certainement permis de parvenir à un degré d'approximation considérable; mais ce qui donne aux résultats obtenus dans l'ordre des sciences physiques une précision remarquable, c'est la faiblesse excessive des variations contingentes, et le champ extrêmement borné de l'indéterminisme. Les variations de faible amplitude échappent à nos moyens d'investigation, et nous enregistrons en définitive des *moyennes* peu variables que, faute de précision suffisante dans les constatations et dans les mesures, nous regardons comme des *constantes* obtenues directement.

Il nous arrive alors ce qui se produit quand nous regardons deux rayons d'une même étoile de deux lieux, même assez distants. Nous considérons ces rayons comme parallèles et nous les prenons pour tels dans nos mesures et dans nos calculs, quoique nous soyons logiquement certains qu'ils forment un angle. Mais nos instruments, quelque perfectionnés qu'ils soient, ne peuvent mesurer un angle d'une si faible ouverture. Imperfection des moyens d'observation, faible ouverture de l'angle contribuent à rendre insensible pour nous une différence de direction qui, se comportant comme si elle n'existait pas, cesse d'exister pour notre esprit et pour la science. Cette erreur négligeable, puisque nous ne pouvons que l'admettre logiquement sans la constater, constitue un degré d'exactitude suffisant; et elle ne saurait d'ailleurs modifier les résultats scientifiques que d'une manière proportionnée à elle et par conséquent négligeable comme elle.

Je citerai comme application de ce fait le calcul de la latitude d'un lieu par la mesure de la hauteur de l'étoile polaire, mesure prise sur plusieurs points de ce lieu peu éloignés les uns des autres. Quoique, théoriquement et en réalité les angles, mesurés aux différents lieux, aient entre eux une différence, il n'en est pas moins vrai que nous ne parvenons pas à la constater, et que les instruments, même les plus perfectionnés, donnent des mesures identiques.

Nous savons également, avec une entière certitude, que le temps employé par la lumière pour franchir des espaces de 100, 200, 300 mètres varie suivant la distance à parcourir. Cependant, nos instruments sont incapables d'enregistrer des différences aussi petites, et nous les considérons comme nulles dans nos calculs. Ces différences n'en existent pas moins, et nous n'avons pas le droit de les nier, parce que nous ne pouvons pas les compter et les traduire en quantités sensibles pour nous.

Ainsi donc, dans les sciences physiques, approximation très considérable et constance dans les résultats qu'il est en notre pour de constater.

Si le degré de rigueur et de constance dont les sciences physiques sont susceptibles est considérable, par suite surtout de l'infime amplitude des variations contingentes, il est aisé de comprendre que l'amplitude de ces variations atteignant dans le monde physiologique ou vital une plus grande étendue, le degré d'approximation doit être moindre et la constance des résultats moins assurée.

Tout biologiste sera obligé de reconnaître qu'il ne peut prétendre à retrouver, dans ses observations et dans ses expériences, cette drécision rigoureuse, cette certitude sur laquelle le physicien et le chimiste peuvent compter. Ici les écarts sont d'une importance notable ; et il n'est permis de prédire un résultat, un fait physiologique, qu'avec une certaine réserve.

Cela tient-il exclusivement à une complication bien plus grande, à l'augmentation du nombre des facteurs, et à la difficulté qu'il y a nécessairement à prévoir, parmi les combinaisons très nombreuses possibles, celle qui se produira ? J'ai déjà dit que cette explication ne devait pas être entièrement repoussée. Mais de là à la trouver complètement suffisante, il y a de la distance ; et si l'on veut bien se rappeler que bien des chimistes et des physiciens soutiennent sérieusement l'assimilation complète des phénomènes physiques et des phénomènes biologiques, on sera en droit d'être surpris qu'il y ait entre ces deux ordres de sciences une différence si marquée dans la constance et dans la régularité des résultats.

On discute depuis bien longtemps sur la ressemblance ou la différence des phénomènes de l'ordre purement physique et des phénomènes vitaux. Ceux qui ont été le plus frappés de leur différence n'ont pu s'empêcher d'en voir la cause dans l'existence d'une force propre aux êtres vivants et dont l'action imprimait des allures tout à fait spéciales aux phénomènes de la vie. A l'action de cette force vitale devait être rapportée la contingence des faits vitaux.

L'admission d'une force spéciale aux êtres vivants a rencontré de graves objections. Aussi y a-t-il aujourd'hui bien peu de biologistes qui acceptent cette entité dynamique particulière. Les progrès de la physique et de la chimie n'ont pas peu contribué à la faire considérer par le plus grand nombre comme une hypothèse inutile. Mais, pour être impartial, il faut convenir que ces sciences, tout en démontrant que les forces qui sont de leur ressort jouent un rôle important dans les phénomènes de la vie, ne sont cependant pas parvenues à expliquer les différences évidentes qui séparent parfois très nettement les phénomènes de la vie des phénomènes purement physiques.

Le point de vue que je développe ici me paraît de nature à jeter quelque lumière sur la solution de cette question.

Il pourrait, en effet, se faire que la variation dans l'amplitude des déviations contingentes des molécules eût une certaine part, et peut-être une part importante, dans les différences qui caractérisent les deux ordres de phénomènes physiques et vitaux. L'acquisition d'un degré plus prononcé d'indéterminisme, et d'une plus grande amplitude des angles de variation libre entreraient ainsi comme facteur important dans le passage de la matière inorganique à la dignité de matière organique et vivante. Comment se ferait cette acquisition et cette évolution? C'est ce que nous ignorons absolument; mais l'ignorance du *comment* d'un phénomène n'implique certes pas la nullité de ce dernier; et, dans le cas actuel, ce serait déjà un progrès incontestable que de parvenir même à une simple constatation du fait.

Il y aurait là un terrain de conciliation entre les prétentions des physiciens et celles des vitalistes, les uns voulant identifier les phénomènes de la vie aux phénomènes physiques, et les autres prétendant qu'il existe une différence réelle entre ces deux ordres de phénomènes.

Si, du monde organique et vivant, nous passons maintenant au monde psychique, au monde de la pensée et de la volonté, qui est si fortement uni à la matière vivante que nous ne le connaissons pas à l'état de séparation et d'isolement, nous nous trouvons en présence de variations libres infiniment plus étendues, plus variées, en présence de la liberté morale, sur la réalité de laquelle je ne crois pas avoir à revenir. Ici, le domaine de la certitude et de la rigueur appliquées à chaque fait particulier est remplacé par celui de la présomption et de la probabilité. Il n'est plus permis de prévoir avec exactitude, non seulement la quantité, mais encore la qualité des impulsions psychiques; et l'on est réduit à des conjectures qui remplacent les certitudes des observations de l'ordre physique, aussi bien que les résultats très probables et très approximatifs des sciences physiologiques. Ici se rencontre très sou-

vent l'imprévu, l'inattendu et l'inexplicable. Néanmoins les
mouvements de l'esprit sont susceptibles d'être classés et en-
veloppés dans des formules ou lois aussi bien que les phénomènes biologiques et que les phénomènes de l'ordre physique.
Mais il y a une différence notable à signaler, et voici en quoi
elle consiste : Dans le domaine physique ou minéral chaque fait
particulier peut rentrer avec une grande exactitude dans le
cadre d'une loi précise et d'une formule relativement étroite.
Dans le monde biologique, les lois générales ne s'appliquent
qu'avec des écarts notables, et n'acquièrent une certaine précision que lorsqu'elles embrassent un nombre de faits suffisants
pour que les variations particulières soient compensées réciproquement, de manière à fournir une moyenne satisfaisante.
Dans les sciences psychologiques ou morales les lois sont l'expression de moyennes reposant sur un nombre encore plus
considérable de faits, car les variations libres étant susceptibles d'écarts plus grands n'ont chance de trouver une compen-
sation suffisante qu'avec une somme plus importante de faits
particuliers.

Il est donc possible de formuler des lois pour tous les phénomènes naturels ; ces lois représentent partout des moyennes,
mais il y a entre elles les différences suivantes : Dans le monde
physique, ces moyennes sont l'expression exacte pour nous
de chaque fait particulier, les variations libres étant si petites
qu'elles sont négligeables, ou même nous échappent entièrement ; dans le monde biologique les moyennes ne sont vraies
qu'en tant qu'elles résument un nombre notable de faits ; dans
le monde moral, les moyennes ne sauraient reposer que sur
une quantité de faits bien plus importante encore.

Ainsi donc, la substance générale qui constitue le fonds de
la création semble se présenter à nous comme susceptible de
plusieurs degrés d'indéterminisme. L'indéterminisme dans
la matière minérale serait réduit à des rudiments si infimes
qu'il ne s'y trouverait pour ainsi dire qu'en puissance, et qu'il
ne pourrait être entrevu que dans les phénomènes moléculaires,
réduit à des déviations infiniment petites. L'indéterminisme
deviendrait plus évident, quoique encore d'une manière assez

restreinte, dans la matière physiologique qui est pour ainsi dire le second état de la substance; enfin, dans cet état supérieur de la substance que nous désignons sous le nom d'esprit (sans savoir ce qu'il est au fond), l'indéterminisme devenu libre arbitre se montre d'une manière bien plus remarquable encore, et s'offre à nous comme représentant le caractère le plus élevé du développement moral, car il est incontestable que l'être le plus libre, c'est-à-dire le plus dégagé de l'influence de ce qui est plus déterminé que lui, est aussi celui qui a acquis la plus haute personnalité et la plus haute valeur conciliable avec sa nature.

Les trois états de la substance correspondraient donc à des degrés plus ou moins différents d'indéterminisme.

Mais il est une observation sur laquelle j'insiste particulièrement, c'est que, si nous pouvons nous faire des mouvements de la substance que nous appelons matière (sans savoir le moins du monde ce qu'elle est) une certaine idée relative aux notions d'espace et de temps; nous sommes loin d'être aussi bien renseignés sur la nature des mouvements de ce que nous appelons esprit (sans savoir davantage ce qu'il est). Nous saisissons très vaguement et très imparfaitement qu'il peut y avoir une relation entre ces deux ordres de mouvements; et dans tous les cas nous établissons entre eux dans notre pensée une comparaison destinée à nous permettre de raisonner; mais au fond nous ne comprenons pas plus le rapport réel qu'il y a entre eux, que nous ne saisissons celui qu'il y a entre la matière et l'esprit.

Toutefois, nous savons que ce dernier rapport existe (l'observation de la nature humaine le prouve surabondamment); nous savons que ces deux états de la substance ont des connexions profondes quoique mystérieuses, et nous pouvons penser par analogie que cette notion commune de mouvement et de variations libres dans la direction des impulsions n'est pas sans un certain fondement, quelque imparfaitement connu et quelque obscur que soit ce dernier.

Nous ne pouvons douter en effet qu'il n'est pas un seul mouvement de la pensée, une seule impulsion psychique qui ne soient accompagnés de mouvements correspondants dans la matière des centres nerveux, et que réciproquement tout changement matériel dans l'état de ces organes centraux a son contre-coup dans une manifestation de l'activité mentale. « Trop et trop peu de vin, a dit Pascal ; ne lui en donnez pas, il ne peut trouver la vérité, donnez-lui en trop, de même. » De plus, nous savons que ces mouvements de la matière cérébrale qui ont avec les mouvements de l'esprit une si merveilleuse correspondance sont en réalité des mouvements moléculaires, des mouvements dont le siège est dans l'intimité même des tissus vivants et non des mouvements de la masse. N'y a-t-il pas là de quoi nous révéler entre les mouvements psychiques et les mouvements moléculaires de la matière des relations dont l'intimité peut bien nous étonner, dont la nature nous échappe, mais qui ne sauraient être niées ? Nous sommes d'ailleurs bien obligés d'admettre que l'esprit ne peut se passer de la matière pour son existence objective et contingente, et que l'union nécessaire (ici-bas tout au moins, et même dans la vie future d'après saint Paul) de ces deux formes de la substance comporte l'association de modes parallèles et comparables de manifestations.

De ce que nous ne pouvons comprendre la relation qui existe entre l'indéterminisme des mouvements de la matière et la liberté de l'esprit, on n'est donc certes pas autorisé à la nier ; et il est permis de considérer ces deux termes comme des formes différentes de la liberté adaptées à des états différents de la substance.

De même que chacun de ses états a ses manifestations spéciales de sensibilité et de vie, de même aussi chacun a sa forme spéciale de manifestations libres. L'indéterminisme ne saurait avoir dans la matière des manifestations identiques à celles de l'esprit. Chacun de ses états de la substance ne peut manifester sa liberté relative que par des signes conformes à sa nature et à ses moyens, la matière par des mouvements sensibles et liés à des conditions d'espace et de temps, l'esprit par des impulsions libres et volontaires.

La liberté se trouverait donc répandue dans la création toute entière, soit à l'état de germe obscur et d'embryon presque méconnaissable, soit parvenue à des degrés plus ou moins élevés d'un développement qui poursuit sa marche.

Je conçois ce qu'une semblable proposition peut présenter de paradoxal pour bien des esprits. Mais elle paraîtra peut-être moins étonnante à ceux qui auront prêté quelque attention aux considérations suivantes.

On dit avec raison que l'artiste se retrouve dans son œuvre, qu'il y traduit son émotion, sa pensée, ses inclinations, ses qualités et ses défauts, qu'il y met son âme, qu'il s'y met lui-même. Le style c'est l'homme, a dit Buffon. L'œuvre c'est l'artiste, peut-on dire dans un sens plus général. Si l'artiste est fort, emporté, fougueux, l'œuvre présentera des caractères de vigueur et de fougue; s'il est doux, sensible, il y aura dans sa création des qualités de charme, de grâce et de sensibilité; et l'œuvre entière d'un artiste vraiment digne de l'art ne sera qu'une série de productions où éclatera nettement l'épanouissement de sa nature intellectuelle et morale.

Plus un artiste est vraiment artiste, plus il imprime à son œuvre un cachet que l'on qualifie très heureusement de *personnel*, et qui, pour l'observateur attentif, permet de reconstruire le caractère du créateur. La comparaison des œuvres de Raphaël et de Michel-Ange est d'une signification lumineuse à cet égard.

Toute œuvre d'art porte l'empreinte de son auteur, et sans cette condition il n'y a que des productions vulgaires et sans caractère, c'est-à-dire sans valeur.

N'est-il pas logique d'affirmer que l'Artiste par excellence, le Créateur inimitable, Celui dont les manifestations n'ont pu être bornées et trahies par l'impuissance, Dieu en un mot (qui d'ailleurs crée les artistes *à son image*) a projeté un reflet de sa nature sur toute son œuvre, et que l'on doit retrouver dans cette dernière l'empreinte de son Auteur?

L'œuvre de Dieu se présente à nos regards comme engagée dès le début dans une voie ascendante qui la rapproche incessamment et progressivement du Créateur.

De l'état minéral, elle s'est élevée à l'état de vie physiologique; plus tard elle a gagné les hauteurs de la vie psychique, et finalement elle a étendu son vol jusqu'aux régions incomparables de la vie morale. Ce merveilleux épanouissement n'a certainement pas atteint ici-bas son terme suprême. Le chrétien ne saurait en douter, car il attend de *nouveaux cieux* et une *nouvelle terre*, une *gloire à venir qui doit être manifestée*, et une *transformation de gloire en gloire*, c'est-à-dire une longue évolution. « Or nous savons, dit saint Paul avec nne profondeur de pensée admirable, or nous savons que, jusqu'à ce jour la création tout entière gémit et souffre les douleurs de l'enfantement. » La création n'est point terminée sans doute; elle est loin d'être bornée à ce que nous connaissons et à ce grain de poussière que nous habitons. Les douleurs de l'enfantement continuent. Au-dessus de nous existeront probablement et existent même déjà des êtres qui nous sont supérieurs, et qui sont plus rapprochés que nous de la nature divine. L'œuvre divine est en voie d'évolution, et elle tend de plus en plus vers son éternel Auteur.

Nous ne connaissons qu'une des phases de cette transformation; mais nous avons le droit de penser que dans ce rudiment, comme dans l'œuf, se trouvent renfermés et répandus les germes de ce qui fera sa grandeur future. Or la liberté est un des plus nécessaires parmi les attributs de Dieu; car un Dieu qui ne serait pas libre, ne serait pas Dieu; il ferait partie de la nature, mais il ne saurait en être l'Auteur. Qui dit création, dit liberté et volonté. Qui considère Dieu comme déterminé dit panthéisme, c'est-à-dire au fond athéisme.

Mais pour ceux qui ne peuvent se résigner à chasser Dieu de ce monde, et qui le considèrent comme l'Artiste libre et conscient de cette œuvre admirable, il est logique de penser qu'il a reflété dans toute son œuvre les traits essentiels de sa personne, et que créant cette œuvre par voie d'évolution, il a déposé dans ses premiers germes les rudiments virtuels ou réels de ses attributs.

La trace de l'action divine doit se retrouver partout jusque dans les commencements les plus humbles en apparence, et s'il est vrai que l'image du Créateur n'ait acquis une précision suffisante que dans la raison et dans la conscience morale de l'homme, les autres degrés de la création n'en possèdent pas moins une esquisse fidèle, malgré les voiles qui l'enveloppent.

Il faut donc voir dans toute la création le reflet de tout ce qui fait le caractère de Dieu, et nous avons quelque droit de l'y chercher, quoiqu'il ne nous soit pas toujours facile ou même possible de l'y découvrir.

Un monde appelé à être le théâtre du développement de la liberté a donc pu seul sortir des mains d'un Dieu libre; et le germe a dû, comme tout germe, contenir en puissance ou à l'état de rudiment les facultés de l'être futur. C'est dans ce sens qu'il convient d'interpréter les remarquables paroles prononcées au congrès de Belfort par l'éminent physicien Tyndall (1). « Mettant bas tout déguisement, voici l'aveu que je crois devoir faire devant vous : quand je jette un regard en arrière sur les limites de la science expérimentale, je discerne au sein de cette matière (que dans *notre ignorance* et tout en proclamant *notre respect* pour son *Créateur*, nous avons jusqu'ici couverte d'*opprobre*) la promesse et la puissance de toutes les formes et de toutes les qualités de la vie. »

J'ajoute que s'il est un caractère qui ressorte toujours avec plus d'évidence de la colossale enquête que la science a ouverte sur l'œuvre de la création, c'est bien celui de son unité. Partout se découvrent de affinités, des liens étroits et profonds qu'un regard superficiel avait ignorés. Partout les dissemblances font peu à peu place aux ressemblances, partout les différences s'atténuent, partout les distances se décroissent, partout les hiatus disparaissent et les abîmes se comblent; et l'on est toujours plus frappé de ce qu'il a fallu de puissance et de grandeur pour faire jaillir l'infinie variété, qui nous trouble et nous éblouit, de ce qui a été l'unique et simple point de départ.

Je ne veux point entrer plus avant dans cet ordre de considérations. Je ne pourrais développer entièrement ma pensée sur ce point qu'en donnant à cet article une étendue hors de proportion avec l'espace qui m'a été gracieusement accordé.

_____

(1) Congrès de l'Association britannique pour l'avancement des sciences, 1874.

Me voici arrivé au terme de ces Essais sur l'évolution et la liberté. Ce que je me suis surtout efforcé d'établir, c'est que la substance de l'univers sous toutes les formes qui nous sont connues, pourrait bien être susceptible à des degrés divers de variations contingentes et indéterminées dans la direction des mouvements. En d'autres termes j'ai tenté de démontrer qu'il pouvait toujours y avoir pour la substance, dans des proportions différentes, non seulement une possibilité, mais une réalité de mouvements indéterminés et libres. A ceux qui concluent du déterminisme physique au déterminisme moral, j'ai cru pouvoir répondre en concluant de l'indéterminisme moral à l'indéterminisme physique, et je me suis efforcé d'établir tout au moins que la preuve d'un déterminisme absolu restait encore à faire *aussi bien* dans le monde physique que dans le monde moral.

Peut-être des esprits bienveillants jugeront-ils qu'il y a dans cette tentative quelques données heureuses et quelque fondement.

Imprimeries F. GUY, à Alençon et à Laigle. — Alençon.